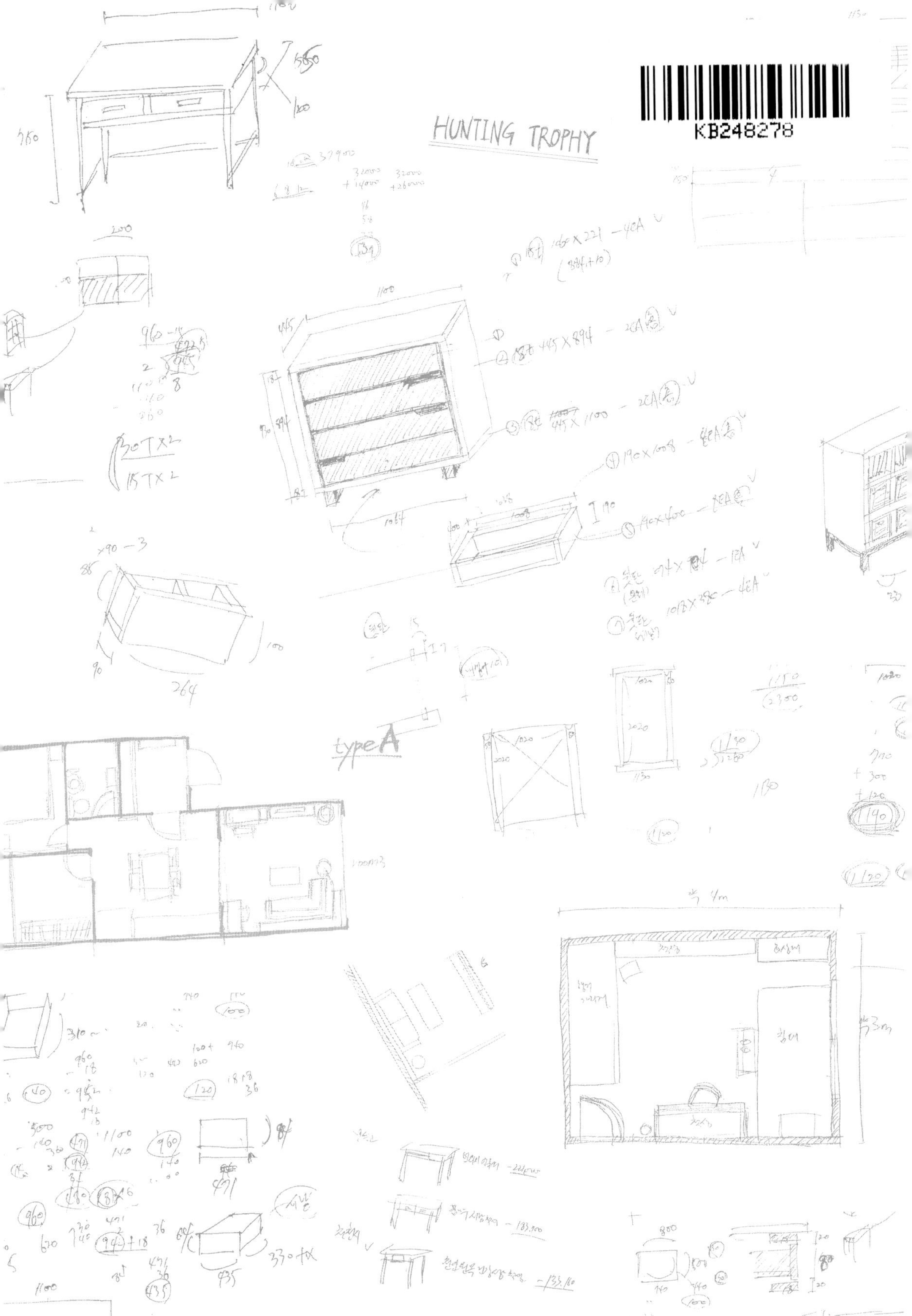
HUNTING TROPHY
KB248278
typeA

BRAN'S Basket
35X32X32.

NOMAD INTERIOR
전셋집 인테리어

전셋집 인테리어
NOMAD INTERIOR

+김반장 김동현 지음

미호

서점에 가면 수많은 인테리어 책들이 저마다의 이름을 달고 뽐내듯 자리를 차지하고 있습니다. 인테리어 잡지를 들춰보면 전문가의 손길이 닿은, 고급스러운 자재와 디자인 가구들로 멋지고 화려하게 꾸며진 집들이 위용을 자랑하고 있지요. 인터넷을 조금만 뒤져봐도 전 세계의 개성 있는 주거 공간들을 쉽게 찾아볼 수 있습니다. 한참을 '헤~' 하고 부러워하며 바라보다 문득 현실로 돌아옵니다.

'쳇, 결국은 내 집이거나 전문가에게 맡길 여유 있는 사람들의 이야기구나.'

'언제 이사 갈지도 모르는 남의 집에서 이런 인테리어는 역시 사치겠지.'

세입자 또는 육아나 경세 사정에 따라 몇 년 안에 집을 옮겨야 할 유목민(nomad) 같은 서민들에게 인테리어란 마치 '언젠가 여유가 되면 카페나 차려야지' 하는 뜬구름 상념처럼 이루기 힘든 로망인가 싶은 마음에 책을 덮고 잡지를 내려놓고 인터넷 창을 닫습니다. 그러곤 생각합니다.

'나중에 언젠가 내 집을 마련하면 최소한 동네 인테리어 가게에라도 맡겨 멋지게 꾸며야지! 그때까진 대충 살자.'

언젠가? 대충?
싫어요! 지금 잘 꾸미고 잘 살렵니다.

1999년과 2012년의 지구 종말론은 다행히 아직까지 실현되진 않았지만 언제 덜컥 혜성과 충돌하거나 외계인이 쳐들어올지도 모릅니다. 멀쩡한 도로가 푹 꺼지기도 하니 대지진과 원전사고 같은 재해도 무조건 바다 건너만의 일은 아닙니다. 사람에게 내일 일어날 일은 아무도 모르는 법인데 '언젠가'라니요.

일단 지금, 바로 이곳에서 행복하게 살고 싶단 말입니다. 그래서 전셋집을 꾸미기 시작했습니다.

네, 항상 그놈의 돈이 걱정이지요. 인테리어 비용의 상당 부분이 인건비니 직접 팔을 걷어붙이면 비용을 확 줄일 수 있을 것 같았습니다.

그래도 언젠가 떠날 집인데 들어간 수고와 비용이 아깝지 않느냐고요?

집 자체에는 최소한으로 손을 대고 이사 갈 때마다 가지고 다닐 수 있는 것에 돈과 노력을 들이면 되지요.

말이 쉽지 방법을 모르시겠다고요?

때는 바야흐로 넘쳐나는 정보의 시대. 마음만 먹으면 내 손으로 아늑한 한옥도 지을 수 있는 시대에 살고 있답니다.

그렇게 이것저것 찾아보고, 고민하고, 시도해본 과정과 결과물들이 신기하고 기특해 보였는지 입소문을 타고 알려지기 시작했습니다. 직접 꾸민 전셋집 두 곳과, 인테리어 도움을 준 가족과 친구들의 집이 책과 잡지에 실리고 케이블과 공중파 TV에서까지 관심을 갖고 연락이 오기 시작했습니다. 그리고 드디어 책까지 쓰게 되었지요.

저는 인테리어 전공자는 아닙니다. 물론 건축 관련 업종과도 전혀 상관없는 평범한 샐러리맨입니다. 모든 작업은 퇴근 후 또는 쉬는 날에 빈방과 베란다와 아파트 비상구에서 이루어졌고요. 심지어 얼마 전 집을 꾸밀 때는 교통사고 후유증으로 몸이 불편한 상태임에도 그만둘 수 없었습니다. 그러니 스타일리스트와 시공 전문가들이 꾸민 공간보다는 부족할 수 있습니다. 아니, 당연히 부족하겠지요.

그렇기 때문에 제가 하는 작업은 약간의 관심과 무모함과 의지만 갖춘다면 누구나 할 수 있는 일들입니다. 간혹 너무나 훌륭하게 따라 해 제가 자극을 받을 정도로 멋진 결과물을 자랑하는 분들을 보면 감탄을 금치 못할 정도라니까요.

결국, 집을 꾸미는 건 어쩌면 그렇게 거창한 일이 아닐지도 모른다는 생각에 다다랐습니다. 꼭 벽을 없애고 마룻바닥을 교체하고 붙박이장을 짜서 넣고 천장을 들어내 조명 공사를 하는 것만이 인테리어는 아니니까요.

내가 살게 될 집의 도배지를 고르고 장판을 깔고 필요한 가구를 생활하기 편하게 적당한 장소에 놓는 일, 어울리는 침구를 고르고 커튼을 달고 밤이 되면 은은한 스탠드를 밝혀 분위기를 내는 일, 봄이 되면 작은 화분을 볕이 잘 드는 창가에 놓고 겨울이면 크리스마스트리를 장식하는 일, 이러한 모든 것이 바로 인테리어이고 누구라도 할 수 있는 일입니다.

TV에 나오는 디자이너들, 잡지를 통해 보는 스타일리스트들을 부러워하지만 말고 내가 직접 우리 집 인테리어의 클라이언트이자 동시에 스타일리스트가 되어보는 건 어떨까요. 미션에 실패해도 클레임이 걸리는 일은 없습니다.

유목민이 천막을 치고 솥을 걸어 식사를 마련한 뒤, 들판의 꽃을 꺾어 낡고 흠집 난 유리병에 꽂아 천막 안 한편에 두는 작은 행위가 삶을 조금은 더 풍요롭게 해주듯이 이 책의 소소한 팁들이 사랑하는 사람들과 행복한 공간을 꾸미는 데 작은 보탬이 되길 바랍니다.

그리고 언젠가 어딘가에 정착하게 되었을 때 그렇게 쌓인 노하우를 발휘해 한번 원 없이 꾸며보자고요!

contents

Prologue **6**

PART 1
직접 꾸민 전셋집 이야기

김반장의 신혼집_59.5㎡(18평) 아파트 인테리어 **14**

김반장이 인테리어한 공간_13.2㎡(4평) 처형의 싱글 룸 **30**

bonus page_나만의 공간을 꿈꾸는 당신에게 **38**

김반장이 인테리어한 공간_59.5㎡(18평) 친구의 신혼집 **40**

김반장의 두 번째 전셋집_85㎡(26평) 복도식 아파트 **56**

bonus page_ Q&A 전셋집을 꾸미면서 가장 많이 들었던 질문들 **72**

PART 2
인테리어 준비 A to Z

전셋집 구하기부터 이사까지 **76**

인테리어의 시작, 정리와 수리 **96**

bonus page_김반장이 추천하는 인테리어 핫 스트리트 **106**

PART 3

전셋집
리폼과 꾸미기

작은 변화로 큰 효과 보는 리폼 **120**
bonus page_ 자투리 공간을 나만의 특별한 공간으로! **172**
인테리어의 꽃, 수납과 장식 **176**

PART 4

공간에 딱 맞는
DIY 가구

맞춤 가구 만들기 A to Z **208**
공간별 맞춤 가구 만들기 **218**
bonus page_ 김반장이 알려주는 생활 속 Plus Tip ❶ **226**
bonus page_ 김반장이 알려주는 생활 속 Plus Tip ❷ **251**
bonus page_ 김반장이 엄선한 인테리어 온라인 사이트 **252**

Epilogue **260**

직접 꾸민

전셋집 이 야 기

김반장의 신혼집
59.5㎡(18평) 아파트 인테리어

<<<<<<<<<<<<<<<<<<<<<<<<<

전형적인 10평형대의 방 두 개와 작은 주방, 화장실로 이루어진 복도식 아파트. 아이가 없는
맞벌이 부부라는 점을 감안해 큰방과 주방을 연결한 하나의 공간에 식탁과 소파, 침대, 책장,
TV까지 배치해 원룸처럼 꾸몄다. 작은방은 드레스룸 겸 멀티룸으로 사용하는 한편 베란다에
작업 공간을 만들어 좁은 공간을 최대한 활용했다.

TURN OFF LIGHTS
CONSERVE ENERGY SAVE
ELECTRICITY

신혼집의 설렘이 현실로 바뀌던 순간

누구에게나 '처음'이라는 단어는 설렘과 기대를 불러일으키지요.
첫눈, 첫사랑, 첫 키스, 그리고 첫 집.
하지만 결혼 후 살게 될 첫 집, 그 단어만으로도 샤방샤방한 '신혼집'을 구한다는 두근거림에
실망감이 스멀스멀 끼어들기까지는 그리 오래 걸리지 않았습니다. 주어진 조건과 제한된 예
산 안의 집들이란 좁은 아파트, 답답한 빌라, 낡은 단독주택이 전부였으니까요.
여긴 좀 괜찮은데 싶으면 여지없이!

비 . 싸 . 요 .

내가 집을 사겠다는 것도, 고급 빌라에 세를 들겠다는 것도 아닌데 도대체 왜 이리 비싼 겁니
까. 이거 직장생활 성실히 했는데도 신혼집 하나 마련하기가 왜 이리 만만치 않은지요.

'저 많은 집 중 내 집 하나 없구나.'

일일 드라마 속 무능력한 남편이 뒷동산에 올라가 푸념할 때나 나올 만한 대사가 입에서 툭
하고 튀어나옵니다. 세상은 부모님에게 손 안 벌리고 새 출발하려는 부부에게 녹록지만은 않
더군요.
난생처음 대출이라는 걸 받고 빚과 이자의 축복을 받으며 우여곡절 끝에 겨우 아파트 전세를
구했습니다. 예상대로네요.

작 . 아 . 요 .

이렇게 시작하는 겁니다. 이렇게 쉽지 않게, 작게.
그래도 어쨌든 '우리'만의 공간이 생겼으니까요.
전세고 작은 집이라는 건 어쩔 수 없는 현실이었습니다. 하지만 '그 작은 전세 아파트에서 어
떻게 살 것인가'는 전적으로 우리들에게 달려 있었지요.

도화지 같은 신혼집을 찾아서

지은 지 15년이 넘은, 낡고 작은 아파트. 예산에 맞춘 복도식 작은 아파트를 몇 군데 둘러보면서 '아, 역시 여기도 아닌가'라는 실망감에 지쳐가던 중 마지막으로 한 집만 더 보자고 들어간 곳. 남향인 복도식 15층 아파트의 7층, 현관문을 열고 복도로 나오면 한강이 눈 아래로 시원스레 펼쳐지던 그곳이 내 첫 번째 전셋집이 되었습니다.

같은 아파트 단지 안에서 본 집들과 다른 점은 주방과 큰방을 구분하지 않고 깨끗이 터버렸다는 것입니다. 거기에 싱크대가 교체되어 있었고, 문과 몰딩이 하얗게 칠해져 있었으며 특별한 무늬 없는 아이보리 실크 벽지와 회색의 데코타일 바닥으로 기본적인 수리가 되어 있었습니다. 대충 관리하며 살아온 지저분하고 낡은 집들만 보다가 깨끗하고 하얀 도화지를 손에 쥔 느낌이랄까요. 전세가가 다른 집보다 500만 원가량 비싸긴 해도 새로이 도배나 장판 등을 해야 하는 비용과 수고를 안 들여도 된다는 걸 생각하면 감수할 수 있는 금액이었습니다. 무심한 듯 시크하게 "이 정도면 괜찮겠네"라며 크게 티를 내지는 않았지만 내심 이 집에 꼭 들어와야겠다는 결심을 하게 되었죠. 원하던 그림을 그릴 수 있을 것 같았던 가슴 설렘을 아직도 기억합니다.

궁금해하시던 어머니, 조카와 함께 계약을 하러 다시 방문했을 때 집주인이 그 작은 집에 삼대가 모여 살려는 걸로 오해하고, 전세를 주네 못 주네 해 잠시 집 없는 설움을 느꼈던 해프닝도 있었지만, 무사히 계약을 마치고 결혼식 날보다 한 달가량 여유 있게 들어갈 수 있었습니다. 집을 직접 꾸밀 수 있는 한 달 남짓 기간, 이 책의 출발은 그때부터 시작되었습니다.

BEFORE

그림을 그려주길 기다리는 하얀 도화지 같았던 신혼집.
이빨 빠진 듯 비어 있는 세탁기 자리와 색 바랜 타일 위에 모자이크 타일 무늬의 시트지를 붙인 조리대 뒷벽은 정리가 필요했다.

10평형대의 작은 아파트라 큰방을 거실
로 활용했다. 가구를 적절하게 배치해
자연스럽게 동선을 정하고 그에 따라
공간을 구분하는 것이 중요하다. 사진
속 소파와 테이블은 모두 이케아 제품.

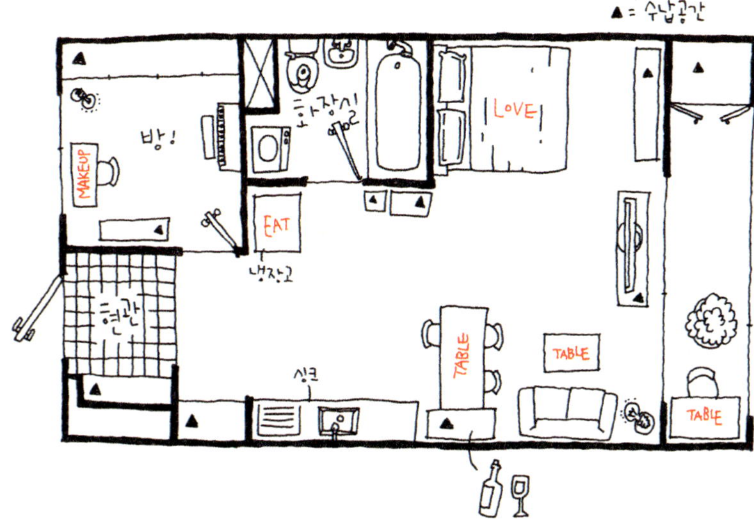

지피지기면 2년 만족!
집을 충분히 이해하고 동선에 따라 가구 배치하기

비슷비슷한 구조인 10평형대 복도식 아파트 중에서 이 집의 가장 큰 장점은 앞서 언급했듯 집주인이 이미 주방과 큰방을 터놓았다는 것입니다. 당분간 출산 계획이 없는 신혼부부라 좁은 공간이 큰방, 작은방, 주방 등으로 나뉜 것보다는 원룸처럼 넓게 연결된 편이 훨씬 좋았거든요. 게다가 작은방에 붙박이장이 설치되어 있어 당장 옷장을 사지 않아도 된다는 것도 큰 장점이었습니다. 현재 살고 있는 두 번째 전셋집에도 붙박이장이 있어 여전히 옷장을 살 필요가 없으니 지금 생각해도 잘한 결정이었죠.

원룸처럼 한 공간 안에서 대부분의 생활이 이루어지겠지만 나름 공간의 구분은 있어야 합니다. 가구의 적절한 배치로 자연스럽게 동선을 정하고 그에 따라 공간이 구분되도록 하는 게 첫 번째 숙제였습니다.

현관을 열자마자 바로 침대가 보여서는 안 될 테니 침실의 위치는 큰방의 꺾어진 안쪽 공간으로 정했습니다. 터놓은 주방과 큰방 사이에는 식탁을 놓아 자연스럽게 공간이 구분되도록 했고요. 식탁을 기준으로 현관 쪽은 주방, 베란다 쪽은 거실이 되는 셈이지요.

철제 다리, 목제 상판의 깔끔한 디자인의 테이블을 식탁으로 골라 주방과 거실 양쪽 분위기를 자연스럽게 연결하고 식탁 옆에 비슷한 느낌의 수납장을 짜 넣어 수납과 더불어 싱크대에서 바로 거실로 이어지는 이질감을 완화했습니다. 두 공간이 자연스럽게 구분되는 동시에 잘 어울리도록 말이죠.

마지막으로 식탁 옆 베란다 쪽의 공간에 소파와 테이블을 두고 침대와 소파, 식탁 어느 곳에서도 바라볼 수 있는 위치에 책장과 TV장을 배치했습니다.

한편 이미 붙박이장이 설치되어 있던 작은방은 화장대와 피아노, 수납장 등을 놓아 인테리어보다는 실용적인 멀티룸이자 개인 공간으로 쓰기로 했습니다. 다양한 살림살이로 인해 모든 공간을 보기 좋게 꾸미고 유지하는 데는 사실 한계가 있지요. 한 공간 정도는 힘을 빼고 실용적으로 활용하는 것도 주 공간에 힘을 싣는 방법이 될 수 있습니다. 게다가 아무리 부부라도 프라이빗한 공간이 필요하니까요. 화장을 하거나 옷을 갈아입거나 혼자만의 시간을 갖고 싶을 때 분명 은신처 같은 공간은 매우 중요합니다.

직접 제작한 맞춤 가구로 공간에 개성을 불어넣다

집을 구하고 계획을 세워가는 과정에서 그야말로 방대하리만큼 많은 자료를 찾아보고 스크랩하던 와중에 커다란 문제가 생겼습니다.

눈 이   높 아 져   버 렸 어 요 .

눈이 높아지는 건 좋은 일인데 왜 문제냐고요?

그게 말이죠. 웬만한 기성 가구가 눈에 들어오지 않게 되었습니다. 정확히 표현하자면 국내에서 구매 가능한, 예산 안에 있는 어지간한 기성 가구는 마음에 들지 않았던 거예요. 유럽이며 일본, 미국 등 유구한 생활 디자인 역사를 가진 나라들의 이국적인 인테리어에 탐닉하다 보니 눈이 눈썹 위로 올라가 버린 겁니다. 그러니 마음에 드는 가구를 발견했다 싶어 신나게 알아보면 여지없이 구할 수 없거나 전셋집에서 인테리어 예산을 고민하는 서민이 구입하기에는 헉 소리가 날 정도로 비싸 감히 엄두를 낼 수 없었지요. 현지에서라면 저렴한 가격에 구입할 수 있는 것들도 바다 건너 유통업자의 따뜻한 손길을 거치면 후끈한 금액이 되어버리더군요.

게다가 사이즈에서도 문제가 발생하기 시작합니다. 큰 집에서야 공간 여유가 있으니 적당하다 싶으면 툭 하고 던져놓아도 그럴듯하게 잘 어울리겠지만 작은 집에서는 단지 몇 센티미터 부족해 가구를 놓지 못하거나 다른 가구의 자리를 밀어내는 일이 비일비재 일어납니다. 디자인이 괜찮고 가격이 합리적이며 사이즈가 적당한 가구는 '나만 바라보는 훈남 재벌 2세 실장님'이라도 되는 양 현실에서 찾기가 힘들더군요.

직접 제작한 맞춤 가구

침대 발치에 침대 폭과 벽의 사이즈에 맞춰 직접 책장
을 제작했다. 책의 크기에 따라 상판의 높낮이를 조절
할 수 있도록 중간 칸은 다보를 이용했고 이사 후 더
넓은 벽을 만났을 때 확장할 수 있게 모듈형으로 만들
었다. 만드는 방법_ 228p.

TV장 역시 TV 사이즈와 스피커의 수납공간 등을 고
려해 직접 만들었다. 만드는 방법_ 224p.

꼭 구현하고 싶은 이미지는 있는데 구하기가 힘드니 결국 제작 의뢰를 해야 하나 싶던 차에 우연찮게 인터넷 목공소를 발견했습니다. 밀리미터(mm) 단위로 재단해주는 다양한 종류와 두께의 나무들을 만날 수 있었죠. 인터넷 철물점도 발견했습니다. 손잡이와 경첩, 바퀴 등의 부속품들을 구할 수 있었습니다. 조금 더 찾아보니 다양한 제작기도 보이고 심지어 여성분들이 남부럽지 않은 팔뚝으로 힘차게 드릴을 돌리고 있는 모습도 발견했습니다. DIY의 세계에 눈을 뜨게 된 순간이었죠. 혼수를 준비 중이던 예비 신부의 우려를 뒤로하고 간단한 구조의 TV장에 야심차게 도전했습니다.

그렇게 TV장을 만들고 책장을 만들고 식탁 옆의 수납장을 만들었습니다. 물론 아마추어가 협소한 공간에서 한정적인 장비로 직접 제작한 가구이니만큼 전문가가 작업장에서 전문 공구로 만들어낸 가구에 비하면 만듦새나 완성도에 있어서 부족할 수밖에 없습니다. 하지만 세상에 하나뿐인 나만의 가구, 나에게 꼭 필요한 가구, 좁은 공간에 정확하게 들어맞는 가구를 만들어낸다는 것은 때로 그 부족함을 충분히 채우고도 남습니다.

작은 공간을 다양한 아이디어로 채우기
집은 때로 변화가 필요하다. 작은 집이라면? 두말할 것도 없고!

둘이서만 아기자기하게 지내면 집이 좁아도 별문제 없겠지만 때론 이 작은 집에 많은 사람들이 모일 때가 있습니다. 신혼집이니까 당장 양가 가족을 초대해 식사도 대접해야 하고 집들이도 해야 하니까요. 게다가 결혼 후부터는 매년 크리스마스에 자연스럽게 우리 집으로 친구 부부들이 모여듭니다. 넓지도, 좋지도 않은데 그렇게 되어버렸어요.

갑작스럽게 넓은 공간이 필요할 땐 돌출형으로 튀어나와 있던 테이블을 돌려 벽에 붙입니다. 애초에 테이블 옆 수납장을 제작해 설치할 때 아래 공간은 비워두었기 때문에 수납장 아래로 쏙 들어가도록 벽 쪽으로 붙이면 테이블로 인해 자연스럽게 나뉘어 있던 주방과 거실 공간이 하나로 연결됩니다. 테이블은 돌려놓은 후에도 물건이나 음식을 올려놓을 수 있고 의자에 앉아 벽을 마주 본 채 작업 공간으로 사용할 수도 있습니다.

> > > > > > >

1. 주방과 거실 사이에 자리 잡은 식탁은 방향을 돌려 평소엔 간단한 작업용 테이블로도 쓸 수 있다.

2. 침대 헤드 쪽 벽에는 죽부인을 몰딩으로 고정해 걸어 색다른 재미를 주었다. 침대 헤드와 매트리스 아래 서랍장이 달린 침대는 직접 제작한 것. 침대는 싱글 침대나 서랍장으로 변화가 가능하도록 만들었다.

한가한 휴일엔 영화 동아리가 인연이 되어 결혼한 부부답게 집에서 분위기를 잡고 영화를 보기도 합니다. 갓 튀긴 치킨에 시원한 맥주를 마시면서 테이블 위에 발을 올린 채 소파에 푹 파묻혀 보는 영화는 극장에서 보는 것과는 또 다른 느긋한 재미가 있지요.

평소에는 집의 어느 곳에서도 바라볼 수 있고 자기 전에는 침대에 누워 편하게 볼 수 있도록 책장 옆에 자리 잡은 TV장은 처음 만들 때 이동이 가능하도록 가구 다리 대신 무소음 바퀴를 달아주었습니다. 단지 위치를 옮겨 소파에서 정면으로 마주 보게 이동해주는 것만으로 홈시어터 못지않은 공간이 탄생합니다.

작은 아이디어가 작지 않은 변화를 만들어내는 곳. 아마 그것이 작은 집의 가장 큰 매력 아닐까요.

> > > > > > >

1. 2. 식탁 옆에 짜 넣은 수납공간을 겸한 와인장은 눈에 띄지 않는 벽 쪽에 기둥을 세워 대부분의 하중을 지지하게 하고 넘어오지 못하도록 벽에 잡아주었다. 그 아래 공간을 비워두어 필요에 따라 식탁을 자유자재로 이동시킬 수 있게 했다. 만드는 방법_ 243p.

3. 소파 뒤 벽면은 어떻게 활용하느냐에 따라 무궁무진한 캔버스와도 같다. 신혼여행 때 찍은 사진을 못을 사용하지 않고 포토 프레임 스티커를 이용해 불규칙하게 붙였더니 종종 즐거웠던 기억이 떠오른다. 벽에 길게 두른 선반은 간단한 수납은 물론 장식 역할도 한다.

카페 같은 현관과 베란다 작업실

현관과 베란다는 실생활 공간은 아닙니다. 현관은 신발이나 우산 등을 보관하고 출입을 위해 스쳐 지나가는 공간, 베란다는 공동주택에서 누릴 수 없는 작은 마당이나 창고의 역할을 아쉽게나마 대체해주는 공간으로 두 곳 모두 실외와 실내를 완충해주는 동시에 연결해주는 기을 하지요.

그러나 현관은 문을 열고 들어서면 만나게 되는 집 안의 첫 풍경이자 나갈 때의 마지막 풍경이며, 베란다는 실내에서 거실 창을 통해 외부를 바라볼 때면 항상 시야에 들어오는 장소이기 때문에 그 집의 첫 느낌이자 마지막 느낌이라고도 할 수 있습니다.

자칫 인테리어의 사각지대로 방치될 수 있는 이 두 곳에 재미를 불어넣어 새로운 공간을 창출해볼 수도 있습니다.

홍대의 카페에서 시간 보내기를 좋아하던 부부라 현관 입구에는 자유롭게 낙서를 하거나 필요한 것들을 메모할 수 있는 긴 칠판을 설치하고, 아기자기한 사진과 소품들을 찾아 걸었습니다. 캠핑 때 쓰던 접이식 원목 테이블과 그 자체로 디자인적인 요소가 강한 빈 와인병을 코르크 마개가 꽂힌 채 일렬로 세워두니 마치 카페 입구와 같은 분위기를 풍깁니다.

베란다에는 실내가 좁아 늘 아쉬웠던 작업 공간 겸 수납공간을 만들었습니다. 베란다 한쪽에 테이블을 놓고 양옆에 기둥을 세워 상판을 연결하는 방식으로 수납 선반을 만들면 좁지만 알뜰한 공간을 완성할 수 있습니다.

삼형제 중 막내로 태어나 큰형이 분가하기 전까지 변변한 내 방 하나 가져보지 못한 설움을 풀어내듯 꾸며본 신혼집입니다. 처음부터 작정하고 이렇게 꾸몄다기보다는 가구를 하나 둘 만들고 이것저것 시도하다 보니 변해가는 모습에 재미를 느껴 그 과정을 즐기게 되었지요.

사진 속 모습이 신혼집에서 최고 상태는 아닙니다. 이후로 여기저기 조금씩 다듬어갔으니까요. 지금 생각하면 최고로 잘 정리되었던 그 당시 모습을 남겨놓지 못한 것이 많이 아쉽습니다.

그럼에도 제 인테리어에 대한 관심이 실현되었던 출발점이자 신혼집이었기 때문에 전셋집의 한계를 넘기 위해 고군분투했던 기억은 어느새 사진과 함께 추억으로 남아 있습니다.

카페풍 현관

입구의 흰 벽에는 5mm 두께의 MDF를 적당한 크기로 잘라 길게 붙이고 칠판 페인트를 칠했다. 공간감이 생겨 현관이 깊어 보이는 효과가 있다. 작은방 문은 파란색으로 칠해 자칫 단조로울 수 있는 공간에 활기를 더했다.

베란다 작업실

큰 베란다 창으로 쏟아지는 햇빛을 조절할 수 있도록 창쪽에는 롤 블라인드를 설치했다. 계절의 변화와 하루의 시간 변화에 따라 다양한 분위기를 연출한다.

김반장이 인테리어한 공간
13.2㎡(4평) 처형의 싱글 룸

20여 년간 수리하지 않고 살아온 처형의 네 평짜리 싱글 룸. 옷 많고 짐 많은 싱글 여성에게 가장
절실한 수납공간을 최대화하면서도 한편 여유 있고 아늑한 느낌을 주는 게 포인트!

Life
Life
FreeTEMPO 3rd ALBUM [Life]
2010.04.07.
OUT NOW
라미아가
보고 있다
WORLD MAP

20년 동안 수리 없이 살아온 싱글 룸의 변신

결혼을 하면 신혼집을 구하고 신혼살림도 장만할 테니 그때 가서 예쁘게 꾸밀 거라며 많은 미혼 여성들이 지금 당장의 인테리어를 포기한 채 미래의 언젠가를 그리며 지내죠. 하지만 세월의 흔적이 고스란히 드러나는 곰삭은 방을 둘러보며 왠지 한숨부터 나옵니다. 언제 발랐는지 기억조차 가물가물한 꽃무늬 벽지에 누가 샀나 싶은 취향불명의 가구와 행어 위 널브러진 옷가지들.

영화나 드라마에서 보아오던 싱글 여성의 방, 그러니까 아침 햇살이 하얀 커튼 사이로 쏟아져 내리면 기지개를 켜고 일어나 페퍼톤스의 상큼한 음악을 틀고 나 물 한 모금, 창가 화분도 물 한 모금 나눠 마시는 뽀샤시한 그런 풍경은 상상도 할 수 없는 생존형 공간, 야밤에 창문 너머 기어들어온 남자친구를 가족 몰래 숨겨줄 넉넉한 옷장 하나 없는 방이 사실 대부분의 현실이지요.

미모의 전문직 싱글인 처형이 함께 방을 쓰던 여동생이 분가한 후 고스란히 자신만의 공간이 된 '내 방'을 꾸미고 싶어 한 건 어쩌면 당연한 일이었습니다.

저희 신혼집이 완성되어가는 걸 지켜보던 처형은 결국 용단을 내렸습니다.

' 내 방 에 도 변 화 가 필 요 해 ! '

그렇게 시작되었죠. 요구 조건은 간단했습니다. 침대는 낮을 것, 책과 CD, DVD의 수납공간 확보 그리고 행어의 깔끔한 마무리!
마침 신혼집이 마무리되어 작업 욕구가 식지 않은 상황이라 덜컥 수락하고 말았습니다. 그리고 고민이 시작되었지요.

'내가 싱글 여성이라면?'

20여 년이 넘도록 손을 댄 적이 없기 때문에 일단 세월의 흔적이 고스란히 배어든 옥색(응? 누런색도 아니고 옥색?) 장판과 꽃무늬 벽지를 과감히 데코타일과 아이보리 실크 벽지로 교체하고 칙칙한 몰딩과 문, 창틀을 흰색 수성 페인트로 칠해 공간을 정리합니다. 자매가 함께 사용했던 더블 사이즈 침대와 방을 압도하는 육중한 서랍장, 유행 지난 책상과 책장은 모두 치우고 새 가구를 들이기로 했습니다.

BEFORE

20여 년의 흔적이 고스란히 묻어나는 방 안 모습.

비용과 공간의 낭비를 줄이기 위해 대부분의 가구는 직접 제작했으며, 독립을 하거나 결혼을
하는 등 생활방식이 바뀌더라도 계속 사용할 수 있도록 소재와 디자인에 통일성을 주었습니
다. 책장은 이 집에서만 사용할 생각으로 튼튼하지만 저렴한 걸로 구입했습니다.
책과 음반 등이 유난히 많아 수납을 위한 공간은 물론 방주인의 취향이 드러나도록 인테리어
용 수납장에도 신경을 써야 했습니다.

전체적으로 라이트우드 앤드 화이트를 주조색
으로 사용해 밝고 깨끗한 느낌을 연출하는 한
편 블랙을 포인트로 사용해 자칫 가벼워 보이
지 않게 했다. 서랍장 겸 화장대는 직접 만든
것(만드는 방법_231p). CD랙과 클램프형 조명
은 이케아 제품.

모든 것이 한 방에 있는 원룸 스타일 인테리어

방 안에서 거의 모든 생활이 이루어지는 원룸 스타일의 인테리어이기 때문에 가구의 배치만으로 공간의 쓰임을 구분했습니다. 하나의 방 안에 많은 가구를 넣더라도 벽면을 꽉 채우는 배치는 가급적 피하는 것이 좋습니다. 옷장을 대신 하는 행어와 키 높은 책장은 밝고 가벼운 느낌의 소재로 선택해 부피에서 느껴지는 부담감을 덜어내고 창의 위치를 최대한 활용해 낮은 침대와 책상에 충분한 빛이 들어올 수 있도록 했습니다.

공간이 협소하므로 가구나 소품을 다양한 용도로 활용하는 것도 좋습니다. 허리 높이의 서랍장 위에 거울을 걸어 화장대를 겸하고 침대 옆 책상은 베드 사이드 테이블 역할을, 책상 스탠드는 조도가 조절되는 제품으로 선택해 침대의 간접조명을 겸하는 방법을 선택했습니다.

무엇보다 이 방의 가장 큰 난제는 벽면 한쪽을 행어로 가득 채울 만큼 방대한 옷이었습니다. 붙박이장을 해 넣거나 제대로 된 옷장은 비용이 부담스럽고 저렴한 옷장을 사자니 그 또한 만만찮은 가격임에도 시원찮고…. 고민 끝에 특단의 조치가 내려집니다.

목재로 천장 높이에 맞춰 큰 틀을 짜고 광목천으로 커튼을 만들어 행어를 가려주기로 한 거죠. 행어와 행어 가리개는 옷장을 놓기엔 너무 좁은 공간이나 애매하게 남는 자투리 공간을 활용하기에 좋은 방법입니다.

>>>>>>>>
예산 절감과 콘셉트에 맞도록 침대와 책상,
화장대 겸 서랍장 등 대부분의 가구를 직접
제작했다. CD랙과 책상 의자는 이케아 제품,
책상 위 조명은 바이빔 제품.

기존의 방에 변화를 주고 싶은데 여러 가지 시도를 하기에는 제약이 따른다면 가장 간단한
방법으로 책상 의자를 교체해보세요. 한번 자리를 잡으면 움직이지 않는 다른 가구와는 달리
책상 의자는 방 안을 자유롭게 이동하는 하나의 오브제이기도 하니까요. 많은 건축가들이 의
자를 사랑하고 디자인했던 이유입니다. 방 안을 한번 둘러보세요. 동사무소에서나 쓸 법한
고리타분한 사무용 의자나 PC방에서 앉았던 커다란 의자가 내 방에 자리 잡고 있는 건 아닌
지 말이죠.

> > > > > > >
드라마 〈Sex and the city〉 속
캐리 브래드쇼의 방

> > > > > > >
드라마 〈달콤한 나의 도시〉
속 오은수의 방

°나만의 공간을 꿈꾸는 당신에게

결혼 전 영화나 드라마 속 부모 잘 만나 팔자 좋은 주인공의 펜트하우스나 심지어 옥탑방에서 아기자기하게 자신만의 공간을 꾸며놓고 알콩달콩 로맨스 한판 펼치는 모습을 보고 있노라면 나도 독립해볼까 하는 망상에 빠지곤 했습니다.

자신만의 취향과 개성이 뚜렷할수록, 자유로움을 표방하는 개방적인 성격일수록, 거기에 인테리어에 관심이 많을수록 나만의 공간에 대한 열망은 유관순 누님의 대한독립에 대한 열망을 감히 따라잡을 정도로 솟구치지요. 심지어 '합법적으로, 탈 없이 독립하기 위해 결혼한다'는 푸념도 들립니다.

하지만 대한독립이 그러했듯이 현실은 그리 녹록지 않습니다. 당장 자금을 구하고 집을 구하는 것도 쉽지 않지만 매끼 밥은 어찌 해 먹을 것이며 엄마가 해주던 빨래에 청소는 잘할 자신이 있나요? 독립 뒤에는 항상 자질구레한 책임이 따르지요.

'내 방'이라는 걸 가졌다면 먼저 '집 안에서의 독립'을 꿈꿔보세요! 전세보증금의 수십 분의 일, 월세보증금의 몇 분의 일 정도의 비용이라면 진정한 독립 또는 결혼 후에도 계속해서 애정을 가지고 사용할 수 있는 가구와 소품들로 충분히 멋진 나만의 공간을 마련할 수 있을 테니까요. 참고로 앞서 소개한 처형의 방은 도배와 바닥 교체에 약 50만 원, 기타 가구와 재료 구입에 100만 원 조금 더 들었으니 환경과 라이프스타일을 대폭 바꾼 비용으로 많다고는 할 수 없겠죠?

어쩌다 집에 놀러 온 애인이 눌러앉고 싶을 정도로 잘 정돈된 방을 보고 눈이 휘둥그레진다면 독립 또한 자연스럽게 앞당겨질 거라 감히 예상해봅니다.

김반장이 인테리어한 공간
59.5㎡(18평) 친구의 신혼집

집을 넓혀 이사 간 후에도 유용하게 쓸 수 있는 적절한 가구와 소품의 선택, 매치를 통해 친구가 원하는 콘셉트에 맞춘 작은 아파트. 전세 계약 기간이 3년 정도 남아 있는 것을 감안해 결혼 후 아이가 태어나도 생활과 육아에 불편을 느끼지 않도록 생활 공간과 휴식 공간을 확실히 구분했다.

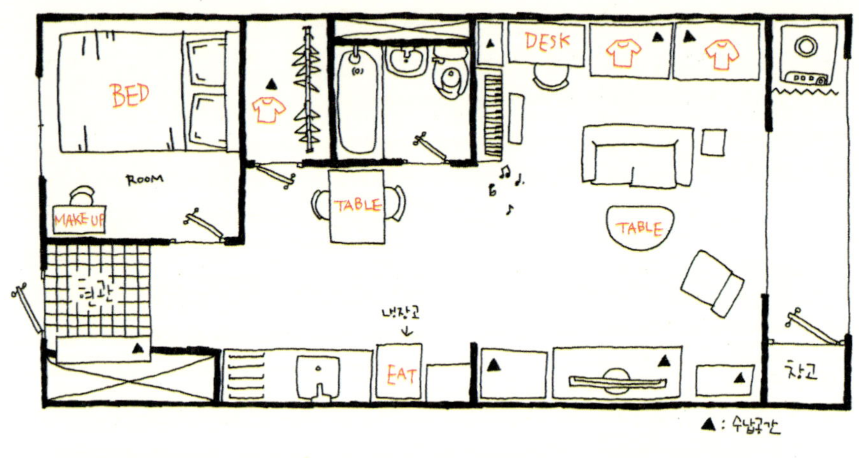

같은 구조, 다른 쓰임

이 집은 저희 신혼집과 놀랍도록 비슷한 구조의 18평형 복도식 아파트입니다. 좁은 현관을 지나면 작은방과 화장실이 있고 그 앞엔 4인용 식탁 하나 놓기에도 협소한 주방, 그리고 안쪽에 자리한 커다란 방과 베란다가 전부인 실제로는 약 40m²(약 12평) 정도의 작은 아파트. 이런 구조는 10평형대 아파트에서 가장 흔히 볼 수 있지만 심지어 중간층에 엘리베이터에서 내려 오른쪽으로 첫 집이라는 것까지도 똑같아 처음 찾아갔을 때 마치 내 집에 온 듯한 아늑함까지 느낄 정도였으니까요.

친구로부터 인테리어 부탁을 받았을 때 너무 비슷한 구조라 다른 느낌을 낼 수 있을까 싶은 고민에 사양할까 생각했었습니다.

그러나 저희 신혼집과는 달리 작은방을 침실로, 큰방을 거실로 쓸 예정이라는 이야기에 같은 구조에서 전혀 다른 공간의 쓰임새로 연출해보는 것도 좋은 경험이 될 것 같아 덥석 시도하게 되었죠.

저희 신혼집의 경우 작은방에 붙박이장이 설치되어 있어 옷방 겸 멀티룸으로 쓰고 큰방에 침대를 놓아 큰방부터 주방까지의 넓은 공간을 원룸 스타일로 활용했습니다. 반면 이 집은 작은방은 휴식 공간으로서 침실로 활용하고 큰방에 옷장을 포함해 소파와 TV, 책상, 피아노까지 놓으면서 거실 기능을 하도록 공간을 배치했습니다.

4인용 식탁이 자리하기에 협소한 주방에는 2인용 카페용 테이블을 놓아 침실, 거실, 주방 등 각 공간을 확실히 구분한 방식입니다.

두 가지 스타일을 비교해보자면 어떤 방식이 더 낫다는 것보다 가족 구성원이나 생활방식에 따라 장단점이 다르다고 볼 수 있습니다. 원룸 스타일은 일상생활의 리듬이 비슷한 신혼부부나 맞벌이 부부에게 추천할 만한 방식인 반면 공간을 확실히 구분하는 스타일은 생활 리듬이 다른 부부, 또는 자기 방이 필요한 아이나 다른 가족 구성원이 있는 부부에게 어울릴 것 같습니다. 물론 아이나 다른 가족과 함께 생활할 경우에는 가구의 배치가 조금 달라져야 하겠죠? 작은 아파트는 찍어내듯이 비슷비슷한 구조지만 비슷한 크기와 구조를 전혀 다르게 활용했으니 좋은 비교가 되길 바랍니다.

BEFORE

> > > > > > >

예비 신랑이 혼자 살던 공간. 아기자기한 신혼집으로 변신 시작.

드라마 속 그녀의 집처럼

이 아파트는 원래 결혼을 앞둔 예비 신랑이 혼자 살고 있던 집입니다. 독신 남성 직장인이 살았으니 먹고 자는 기본적인 기능만 충실히 사용했겠지요. 결혼을 계획하며 신혼집이 필요했던 예비부부는 이 집에서 결혼생활을 시작하기로 합니다.

집을 처음 보고 문득 강풀 원작의 영화 〈순정만화〉에서 연우로 나온 유지태의 집이 떠올랐습니다. 살림살이도 별로 없이 마루 한가운데 덩그렇게 깔린 이불과 생활의 흔적이 느껴지지 않는 싱크대. 어디선가 기능만 보고 저렴하게 구입했을 책상과 스탠드. 그 자연스러운 리얼함이 주인공의 소박함을 보여주는 것 같아 오히려 정감을 불러일으켰던 기억이 납니다.

연우네 집에 수영(이연희 분)이 찾아오며 적막했던 독거 아파트에 활기가 돌듯이 이 집에서 알콩달콩한 결혼생활이 시작될 테니 여태까지와는 달라져야 하겠지요. 자신의 아파트와 거의 비슷한 구조와 크기인 저희 신혼집을 관심 있게 지켜보던 친구는 도움을 요청합니다. 어떤 스타일을 원하느냐는 질문에 예비 신부는 한 치의 망설임도 없이 대답합니다.

“〈달콤한 나의 도시〉에 나오는 최강희의 집처럼이요.”

드라마가 방영되던 때는 물론 그 후로도 많은 여성들이 워너비로 꼽던 드라마 속 은수의 방이 예비 신부가 원하는 콘셉트였더군요.

얼핏 보기엔 대충대충 던져놓은 것 같아 보여도 은수의 방에 들어간 가구며 소품은 그 양과 디자인이 장난이 아닙니다. 포인트가 되는 1인용 소파 하나만도 몇 십만 원. 중간중간 보이는 디자인 제품을 비롯해 공간 배치며 컬러의 선택에도 상당한 센스가 엿보입니다. 게다가 일단 은수의 집은 공간 자체가 상당히 넓습니다. 무질서한 듯 보이지만 자세히 살펴보면 몇 가지 규칙이 있습니다. 벽은 기본적으로 화이트지만 현관문과 일부 벽을 칠해 적당한 공간감을 주고 원목 위주의 가구와 디자인 소파를 활용한 후 포인트가 될 만한 원색의 소가구들을 배치해 활기를 불어넣어주는 형식. 저 또한 개인적으로도 좋아하는 스타일입니다. 말처럼 쉽진 않겠지만 개인적으로도 드라마 속 인테리어를 관심 있게 본지라 한번 덤벼보기로 했습니다.

대충 꾸민 것 같지만 군데군데 센스가 엿보이는 드라마 〈달콤한 나의 도시〉속 공간.

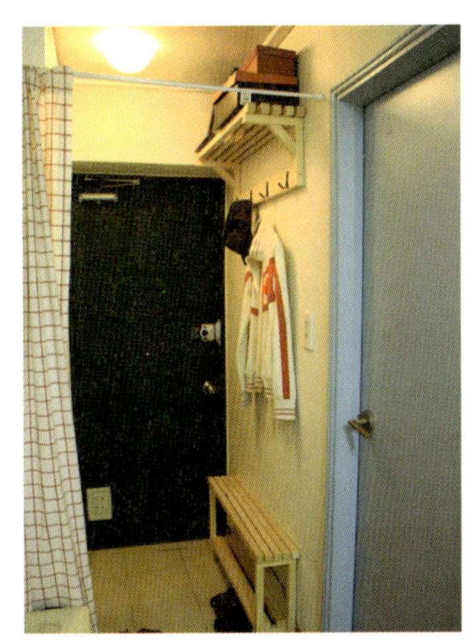

칙칙하고 개성 없는 현관에
깊이감을 불어넣고 수납공간을 만들다

현관은 집의 첫인상이기 때문에 항상 신경을 쓰는 편입니다.

집으로 들어가는 입구이자 통로인 현관이 좁을 수밖에 없는 작은 아파트의 특성상 벽 한쪽에 당연한 듯 신발장을 짜 넣는 걸로 현관에 대한 인테리어를 끝내는 경우가 많지만 반대편 벽을 잘 활용하면 또 다른 공간으로 연출할 수 있습니다. 우선 시트지를 발라 현관을 더 좁아 보이게 했던 신발장과 천장 몰딩은 흰색 페인트로 칠해 벽과 일체를 이루는 듯한 효과를 주었습니다. 이렇게 하면 공간이 더 넓어 보이거든요.

저희 신혼집에서는 가로로 길게 칠판을 달아 포인트를 넣어준 이 빈 벽에 이번에는 폭이 좁은 벤치와 선반을 설치해봤습니다. 구두나 부츠를 신고 벗을 때 늘 걸터앉거나 손에 든 물건을 올려놓을 수 있는 뭔가가 있으면 좋겠다고 생각했거든요.

시중에 판매하는 벤치들은 폭이 넓어 자리를 많이 차지해 불편할 수 있기 때문에 각목을 구입해 폭이 좁은 벤치를 만들었습니다. 벤치 아래에도 물건을 넣을 수 있도록 상판을 올려주니 수납도 수납이지만 현관에 돌아다니던 신발들이 간단히 정리되는 효과까지 있습니다.

벤치를 만들며 같은 폭으로 훅(Hook)이 달린 선반도 만들어 달아주었습니다. 시야와 움직임에 걸리적거리지 않는 높은 선반 위에는 평소에 잘 신지 않거나 계절을 타는 신발들을 박스에 넣어 올려주고 눈높이에 위치한 훅에는 외투나 모자, 가방이나 스카프 등을 걸어주니 마치 옷가게에 디스플레이된 듯 그럴듯합니다. 현관문 안쪽은 칠판 페인트를 짙게 칠해주는 간단한 작업만으로도 무게감이 실리고 현관이 깊어 보이는 효과를 줄 수 있었습니다. 분필을 이용해 칠판의 용도로 이용한다면 재미있고 다양한 연출도 가능하겠죠.

생활의 중심이 되는 큰방,
틀에 얽매이지 않는 가구 배치로 부부의 취향을 충족시키다

거실로 사용할 큰방에 필요한 것들을 주욱 나열해봅니다. 일단 부부의 옷장이 있어야 됩니다. 책꽂이와 책상, 책상 의자도 있어야겠지요. 40인치 텔레비전은 기본이구요. 퇴근 후 길게 늘어져 쉴 만한 소파와 차 한잔을 즐길 테이블도 필요합니다. 손님이 왔을 때 마주 보고 앉을 수 있도록 1인 소파 하나 정도는 더 있어도 좋겠네요. 아, 피아노를 배우는 아내를 위해 전자피아노도 들여놓기로 했습니다.

이 모든 것을 3×4m의 넓지 않은 방 안에 넣어야 합니다. 그리고 동시에 생활하기에도 편리하고 보기에도 좋은 모습을 끌어내야 하지요.

옷장은 자연스럽게 방의 안쪽으로 자리를 잡습니다. 옷장같이 부피가 커다란 가구가 입구 쪽에 떡하니 버티고 있으면 답답해 보이지요. 흔히 이런 구조에서 벽 한쪽을 옷장으로 가득 채우는데 그럴 경우 그만큼 방이 좁아 보입니다. 안쪽에 넣은 옷장이 벽 전체를 가리지 않도록 한쪽 공간을 비워둡니다. 벽의 일부라도 보이게 해 이 방이 가진 원래의 공간감을 느낄 수 있도록 하는 게 좋습니다.

옷장 옆에 남은 ㄷ자 형태의 빈 공간에는 책상을 넣어줍니다. 기존에 사용하던 체리색 시트지 책상을 분해한 후 빈 공간에 맞도록 사이즈를 다시 결합하고 흰색 페인트로 몸체를 칠한 후 상판에는 원목 합판을 올려 자리를 잡았더니 세 면이 막혀 독립된 느낌을 주는 작업 공간이 완성되었습니다. 책상과 ㄱ자 형태로 벽에 붙여 피아노를 놓고 책상 의자를 끌어 와 사용할 수 있게 했습니다. 피아노 위로는 찬넬(Channel, 고정 장치) 선반을 달아 수납공간을 마련합니다.

전체적으로 자연적인 소재, 차분한 디자인과
컬러의 가구로 구성한 후 원색의 커튼과 쿠션,
러그, 테이블 매트 등으로 공간에 활기를 불어
넣었다. 이런 패브릭 소품은 그 자체로도 하나
의 데커레이션이 된다. 긴 소파는 베이식한 디
자인으로, 1인 소파는 포인트를 줄 수 있는 컬
러나 소재로 선택했다.

보통은 벽에 붙여 사용하는 소파를 공간의 중앙으로 과감히 빼놓은 것이 이 집의 가장 독특한 점이라고 할 수 있는데, TV와 충분한 시청 거리를 확보한 다음 소파를 자리 잡고 그 사이에 소파 테이블과 1인용 디자인 소파를 놓아 응접과 휴식의 기능을 살립니다. 한편 소파 뒤는 책상과 옷장을 두고, 소파 사이의 공간은 자유롭게 이동할 수 있도록 통로로 이용하는 것이지요. 때로 많은 손님이 방문할 땐 소파를 옷장 쪽으로 이동시키는 것만으로도 중앙의 공간이 더 넓어집니다.

소파는 나중에 이사 후에도 계속해서 사용할 것을 염두에 두고 가능한 한 크고 편안한 것으로 골랐다. 소파와 러그는 프랑프랑, 소파 테이블은 바이헤이데이, 쿠션과 커튼은 텐바이텐, 소파 옆 원목 스툴은 마켓엠, 소파 옆 스탠드 조명은 이케아 제품.

한쪽 벽을 옷장으로 가득 채우지 않고 비워둔 다음, 그 자리에 기존 책상을 리폼해서 짜 넣었다. 그 옆쪽으로는 을지로에서 구입한 찬넬에 목공소에서 재단한 원목 합판을 올려 수납 선반을 만들었다.

피아노 치는 아내를 위해 준비한 공간. 피아노 위 선반에 클램프 조명을 연결하고 S자 고리를 찬넬에 걸어 헤드폰을 걸 수 있게 했다. 클램프 조명과 책상 위 스탠드 조명, 목각 인형과 책상 아래 철제 서랍은 모두 이케아 제품.

>>>>>>>>
선반 지지대에 동네 목공소에서 직접 재단해온 원목 합판
을 올려주고 그 밑으로 벽 부착형 조명을 설치해 사이드
테이블의 역할을 대신하게 했다. 침대와 같은 폭, 비슷한
재질의 원목 선반이 자연스럽게 어울린다. 침대는 마켓엠,
선반 지지대와 간접조명은 이케아 제품.

침대와 화장대만으로 가득 차는 작은방,
작아서 더 아늑한 침실로 연출하다

침실로 사용하기로 한 작은방을 아이보리 페인트로 칠해서 정리해주고 퀸 사이즈 원목 침대를 들여놓았더니 문만 겨우 열 수 있을 정도의 공간이 남았습니다. 이 평수의 아파트를 설계할 당시 작은방은 퀸 사이즈 침대가 기준이 되었을 거라는 사실을 어렵지 않게 짐작할 수 있을 정도로 끼워넣은 듯 꽉 들어찹니다.

덕분에 방 안쪽으로 열리도록 설치된 여닫이문을 열기 위해선 간접조명은커녕 잠들기 전 읽던 책이나 자명종, 휴대전화 등을 올려놓을 사이드 테이블 하나 놓을 여유가 없습니다. 내 집이라면 미닫이문으로 바꾸는 방법을 진지하게 고민할 텐데 전셋집이라 어쩔 수 없네요.

문을 떼어버릴까 하는 생각이 미칠 때쯤 마침 벽이 눈에 들어왔습니다. 바닥에서 해결이 안 되면 벽에서 방법을 찾을 때가 종종 있죠. 침대 머리맡에 기대어 앉았을 때 머리가 닿지 않는 범위 안에서 최대한 낮게 선반을 설치하고 선반 바로 밑에 양쪽으로 벽 부착형 조명을 달았더니 사이드 테이블 역할을 충분히 대신해주네요.

침대와 어울리도록 우드 블라인드로 낡은 창틀을 가리고 조그마한 원목 화장대를 두어 좁지만 부드러운 느낌이 넘쳐나는 아늑한 침실이 되었습니다. 2세가 태어나 침대 위에서 같이 재우거나 생활하게 되더라도 세 면이 벽으로 둘러싸여 있어 한 면만 막아주면 침대에서 떨어질 염려가 없으니 좁다고 무조건 나쁜 것만은 아니네요.

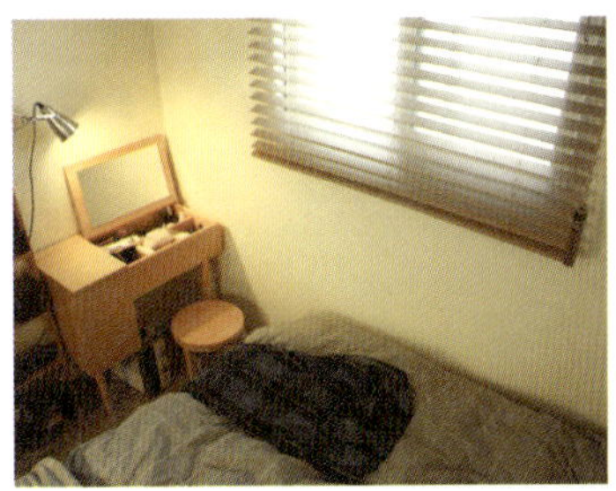

양문형 냉장고와 4인용 식탁에 대한 욕심을 버리고
카페처럼 로맨틱하게 꾸민 주방

마치 누구나 대용량 양문형 냉장고를 가지고 있으리라 예상하는 듯 이 집의 주방에는 딱 그 사이즈에 맞게 붙박이장이 만들어져 있습니다. 예비 신랑이 사용해오던 작은 냉장고가 있어 예비부부는 냉장고를 바꾸지 않고 당분간 그대로 사용하기로 했습니다. 집에서 저녁식사 한 끼 함께 하는 것도 쉽지 않을 만큼 바쁜 맞벌이 부부이니 외식도 잦을 테고 냉장고에 음식을 많이 보관하지도 않을 것 같아 쓰던 냉장고를 그대로 사용하겠다는 현명한 커플이네요.
그 대신 냉장고를 과감하게 리폼하기로 합니다. 하얀 문짝을 손잡이 부분을 제외한 전면에 연노랑 페인트를 칠해 세상에 단 하나뿐인 빈티지 느낌 물씬 나는 로맨틱한 냉장고로 재탄생 시켰습니다.
냉장고를 리폼할 때는 페인트가 묻지 말아야 할 부분에 미리 마스킹 테이프를 꼼꼼히 붙인 후 젯소, 수성 페인트, 바니시 순서로 칠해 마무리하는 것이 좋습니다.

붙박이장에 작은 냉장고를 넣고 남는 빈 공간에는 비슷한 느낌의 흰색 코팅 합판을 주문해 가벽을 세우고 상판을 올려 적당한 크기의 라탄 바구니들을 집어넣으니 훌륭한 수납공간이 탄생했습니다. 아래쪽에는 싱크대의 조리대 높이에 맞춰 이동식 조리대를 만들어 손잡이와 바퀴를 달아 필요할 때 확장, 좁은 조리대를 보완할 수 있게 했습니다. 때론 자유롭게 이동시 켜 식탁의 보조 공간으로도 쓸 수 있도록 해주니 양문형 냉장고를 포기하고 얻은 대가로는 꽤 기특합니다.

신혼살림으로 흔히 구입하는 양문형 냉장고와 더불어 또 하나 포기한 게 있으니 4인용 식탁 입니다. 집이 좁아 4인용 식탁을 놓기에는 주방이 협소했거든요. 그래서 선택한 게 2인용 카 페 테이블. 아이가 생기고 자라 식탁 한자리를 차지하고 앉게 되기까지 앞으로 몇 년간은 대 부분 둘이서 사용할 식탁이니 굳이 어울리지 않는 4인용 식탁을 억지로 들일 필요가 없었습 니다. 아기가 크더라도 옆에 앉히고 식사를 할 수 있도록 상판을 다소 여유 있는 사이즈의 정 사각형으로 주문해 테이블을 가능한 한 크게 만드는 한편 테이블 다리는 와인 잔과 같이 중 앙의 원형 기둥 하나만 지지하는 형태로 제작했습니다. 좁은 주방을 이동하며 식탁 다리에 걸리적거리지 않으니 이 공간에 딱 맞는 맞춤형 식탁이 아닐 수 없습니다.

식탁등은 자체에 스위치가 달린 전등에 전선
을 이어 전기공사 없이 콘센트에 연결하고 식
탁 바로 위에 떨어지도록 설치해 카페 스타일
로 완성했다.
카페 테이블은 을지로 가구 거리에서 주문한
맞춤 제품, 식탁 의자는 이케아, 식탁등은 엔
젤라이팅에서 구입.

>>>>>>>
싱크대 조리대 높이에 맞춰 직접 만든 이
동식 조리대. 이동식 조리대 안쪽에도 수
납공간을 마련했다. 작은 집은 틈만 보이
면 수납공간으로 활용하는 게 넓게 쓰는
비결.

>>>>>>>
교체 대신 리폼을 선택한 작은
냉장고는 빈 공간에 넣은 라탄
수납 바구니, 이동식 조리대와
함께 주방의 포인트가 되었다.
라탄 바구니는 무인양품 제품.

수납공간으로 활용한 베란다와
따뜻한 느낌으로 리폼한 욕실

작은 집은 공간이 조금이라도 남는다 싶으면 여지없이 수납공간으로 확보해야 합니다. 특히 베란다는 여러 가지 잡동사니를 보관할 수 있는 곳입니다. 이 집 베란다에서는 세탁기를 넣고 남는 위쪽 공간이 선반을 짜 넣기에 적절해 보였습니다. 세탁기 위로 각목과 합판 등 저렴한 구조용 목재를 이용해 선반을 만들었는데, 가로 세로 각각 1미터가 넘는 대용량 수납공간이 생겼습니다.

욕실은 전체적으로 양호한 상태였지만 수납장 문짝에도 거울이 달려 차가운 느낌이 강했습니다. 대부분의 욕실에 붙어 있는 거울 수납장은 자칫 욕실을 삭막하고 차가운 공간으로 보이게 할 수 있습니다. 우리 집 욕실은 이번에 새로 리모델링해서 깨끗하긴 한데, 왜 여느 카페 화장실보다 멋이 없어 보일까 고민하신 분들이 있다면 욕실을 한번 둘러보세요. 온통 거울로 둘러싸여 있지 않은지 말이죠.

수납장 문짝을 원목 합판으로 교체하고 거울 테두리를 원목 합판을 적당한 폭으로 잘라 둘러주었더니 훨씬 따뜻한 느낌의 공간으로 탈바꿈했습니다. 욕실에 원목을 적절히 사용하면 빛이 나무에 반사되면서 전체적으로 은은하고 따뜻한 분위기를 낼 수 있습니다.

전셋집이라는 특성상 크게 손볼 수 없는 욕실에는 큰 수고, 큰 비용 들이지 않고 이처럼 간단한 리폼으로 색다른 분위기를 연출하는 것이 좋습니다.

>>>>>>>
리폼하기 전 욕실 모습.

수납장 문짝 교체와 거울 둘레에 원목을 붙인 것만으로도 전혀 다른 느낌으로 완성된 욕실.

베란다의 세탁기 위는 세탁기 깊이만큼 넓은 공간이 생기기 때문에 선반 등을 짜 넣기에 적절하다. 각목과 합판 등 저렴한 구조용 목재를 이용해 선반을 만들고 압축봉을 이용한 커튼으로 가려주면 세탁기와 함께 말끔하게 정리 끝!

김반장의 두 번째 전셋집
85m²(26평) 복도식 아파트

신혼집에서 사용했던 가구와 소품을 최대한 활용하면서 이에 어울리는 아이템들을 매치해
색다른 분위기로 풀어낸 25년 된 복도식 아파트. 좁은 주방과 어두운 동향의 구조를
극복하고 아이의 출산과 육아까지 고려해 각 공간의 용도를 정한 후 가구를 배치했다.

두 번째 집과 만나던 날

사실 이 집 이전에 계약 직전까지 갔던 같은 아파트의 다른 집이 있었습니다. 전세 가격이 1000만 원 더 저렴했으나 그 대신 아파트의 나이만큼이나 세월의 흔적을 고스란히 간직한 낡은 집이었습니다. 층도 좋고 남동향이라는 점이 마음에 들어 어지간한 수리는 직접 해가면서라도 살고 싶었는데 집주인이 흔히 말해 벽에 못 하나 박는 것도 싫어하는 사람이었지요. 같이 간 중개업자가 민망해할 정도로 엄두도 내지 말라는 단호함에 저 역시 단호하게 돌아섰던 거죠.

그다음에 만난 집이 이 아파트입니다. 동향인데다 전체적으로 낡긴 했지만 깔끔한 화장실과 싱크대가 마음에 들었고 특히 집을 보러 간 저희 일행을 밝게 웃으며 맞는 어머니뻘 집주인이 좋았습니다. 어느 정도 꾸며가면서 살아도 되겠느냐는 의사를 전하자 주인아주머니는 예쁘게 살아달라며 흔쾌히 응했고 사진을 찍고 줄자를 들이대며 이곳저곳의 치수를 재는 저의 모습에 "신랑이 자상한가보네~"라며 커피까지 내오셨습니다. 오지랖 넓게도 넙죽 받아 마시며 시작한 담소는 조금 길어졌지요.

미운 오리 새끼의 변신!
좁고 어두운 주방을 가장 매력적인 공간으로 탈바꿈시키다

오래된 20평형대 복도식 아파트에서 흔하게 볼 수 있는 이러한 구조에서 가장 고질적인 문제는 좁은 주방, 특히 식탁의 위치입니다. 식탁을 주방 한가운데 덩그러니 놓자니 생뚱맞기 그지없습니다. 현관문을 열고 들어오면 바로 주방이라 왠지 어수선해 보여 첫인상에도 좋지 않고요. 다용도실 쪽 벽에 붙이자니 문을 열고 드나들기가 힘듭니다.

게다가 기껏 평수를 넓혀 이사 왔는데 주방이 전에 살던 집보다 오히려 작습니다. 정확히 말하자면 특히 조리대가 좁아요. 개수대와 가스레인지 공간을 빼면 고작 50×50cm. 도마 하나 올려놓거나 프라이팬 하나 내려놓으면 여유가 없는 상황. 제가 주부라도 짜증나겠습니다. 태어날 아기의 분유다 이유식이다 더 정신없을 주방인데….

그래서 선택한 것이 아일랜드 식탁입니다. 아일랜드 식탁을 만들되 다용도실 쪽은 사람이 드나들 수 있도록 폭을 좁혀 벽에 붙이고 반대쪽은 가능한 한 충분한 폭과 길이로 제작해서 식탁의 역할과 동시에 부족한 조리 공간과 수납공간까지 확보할 수 있게 하는 것입니다. 시각적으로도 현관에서 들어오면 허리 높이의 식탁이 주방 쪽으로 가는 시선을 1차적으로 차단해주기도 합니다.

아일랜드 식탁의 몸체와 주방 벽을 같은 컬러로 통일하고 선의 흐름을 정리해 벽과 유기적으

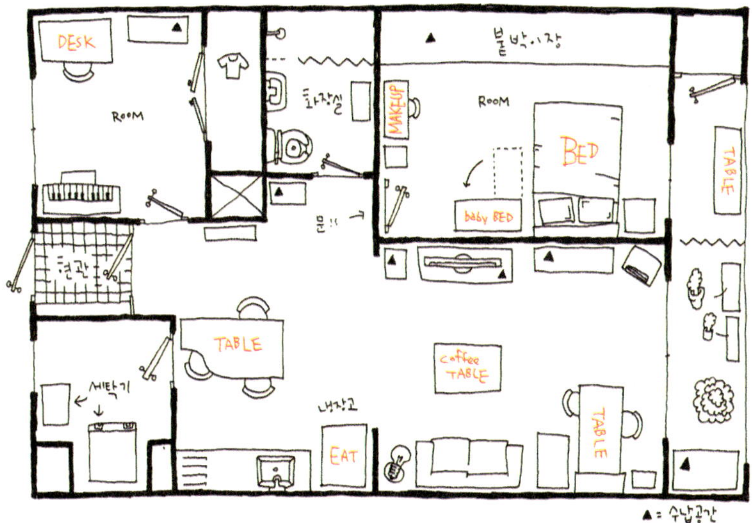

조리 공간이 부족한 싱크대를 보완하기
위해 아일랜드 식탁을 만들었다(만드는
방법_ 237p). 다용도실 문을 페인트칠하
고 싱크대 위 타일 벽은 퍼티와 모자이
크 타일로 리폼했다. 주방등은 룩스몰,
식탁의자는 이케아 제품.

로 연결하니 애초에 그렇게 설계된 공간처럼 벽체와 일체감을 갖는 효과도 얻을 수 있었습니다. 요리하고 식사를 준비하는 입장에서도 공간이 넓어진 것은 물론 벽만 바라보고 일하지 않아도 되고 대면형 조리 공간에서 대화를 하거나 아이를 관찰하며 일할 수 있어 더욱 효율적이지요.

물론 아일랜드 식탁은 다음에 이사 갈 때에도 그대로 옮겨 쓸 수 있도록 이동과 분리가 가능하도록 제작했습니다.

이 집 주방의 또 다른 단점은 어둡다는 것입니다.

주방에 창문이 없는데다가 동향집에서 가장 안쪽에 자리한 곳, 게다가 빛이 들어오는 방향을 커다란 냉장고가 가리고 있어 싱크대 쪽에는 한낮에도 항상 불을 켜놓아야만 합니다. 천장에 설치한 레일등의 빛마저도 싱크대 상부장이 그늘을 만들어버리네요. 브래킷과 콘센트로 간단하게 설치할 수 있는 슬림형 형광등을 상부장의 아래쪽에 부착하는 방법으로 이 문제를 해결했습니다. 광원이 세 개이기 때문에 전기사용량이 늘어날 수밖에 없는 레일등은 꼭 필요할 때만 사용하고 평소에는 슬림형 형광등만 켜놓으면 전기요금도 절약할 수 있을뿐더러 낮게 깔린 빛이 이국적이면서도 아늑한 분위기를 만들어냅니다.

따뜻한 느낌의 원목 상판과 그에 어울리는 의자를 구입하고 포인트로 블랙 컬러의 등을 달아준 주방은 타이포그래피로 포인트를 주어 리폼한 중문, 좁은 공간에 어울리도록 제작한 협탁, 협탁 위의 액자, 적당한 조명들과 어우러져 마치 어느 멋진 카페에 앉아 있는 듯한 호사스러움을 느끼게 해줍니다.

기능과 디자인 두 마리를 한꺼번에 잡은 공간. 단점투성이라고만 생각했던 저주받은 주방이 이 집만의 개성을 담은 공간으로 변신했습니다.

가족 중심으로 가구를 배치한 거실,
소품을 활용해 북유럽 스타일의 거실을 꿈꾸다

거실을 꾸밀 때 가장 중요하게 생각하는 요소는 가족, 그리고 즐거움입니다.
거실은 깨어 있는 시간의 대부분을 보내는 곳이니만큼 가족이 즐겁게 어울릴 수 있는 공간이
되도록 고민합니다. 특히 프리랜서 번역가인 아내나 블로그가 취미인 저는 컴퓨터를 사용하
는 시간이 많은데 컴퓨터를 벽으로 향하게 하면 그만큼 관심과 대화가 단절될 수밖에 없거든
요. 신혼집에서도 그렇고 두 번째 집에서도 역시 컴퓨터는 집의 중앙을 바라보는 위치에 자
리 잡게 했습니다. 특히 아이가 태어난 이후에는 거실에서 꼼지락거리거나 호기심에 가득 찬
얼굴로 여기저기 기어 다니는 모습을 늘 관찰할 수 있어야 하니까요. 거실 중앙엔 소파와 TV
장을 놓아 편히 쉴 수 있는 여유를 주되 아이가 점점 자라남에 따라 소파 테이블을 치우거나
바퀴를 달아 이동이 가능한 TV장을 옮기는 등 집의 중심인 거실을 안전한 놀이 공간으로 활
용할 수 있도록 가변적인 아이디어를 남겨두었습니다.

>>>>>>>
책상의자는 마켓엠과 세덱(SEDEC),
소파 테이블과 러그는 이케아, 소파
옆 스툴은 마켓엠 제품.

거실에 가구를 배치하면서 가장 신경 쓴 건 벽의 구조입니다. 거실과 주방 사이의 여닫이문
을 떼어내고 바닥 레일을 들어낸 후 장판을 깔아 이어진 공간을 연결한 이 집의 구조상, 거실
방향으로 돌출된 양쪽 벽의 길이가 달랐습니다. 아래의 사진을 보면 소파 쪽은 꽤 많은 부분
이 튀어나와 있고 텔레비전 쪽은 그 폭이 좁습니다.

벽이 깊은 쪽에는 소파와 스탠드, 책상 등의 공간을 많이 차지하는 가구들을 배치하고 맞은
편 벽 쪽에는 TV장과 책장, 에어컨을 두어 현관에서부터 베란다까지 시야가 막힘없이 이어
지도록 했습니다. 보통 거실의 가구 배치는 단순히 콘센트가 어디에 있는지에 따라 결정되는
경우가 많습니다. 콘센트가 있는 방향이 텔레비전을 놓는 방향, 그 맞은편이 소파를 놓는 방
향이 되는 거죠. 아파트의 모든 거실이 따라 한 듯 서로 비슷한 이유입니다. 저희 집 또한 콘
센트 방향에 따랐다면 벽이 깊은 쪽에 텔레비전이 들어가고 얕은 벽 쪽에 소파가 툭 튀어나
와 자리했을 테죠. 전기선이나 케이블은 연장할 수 있습니다. 콘센트 위치보다는 벽의 구조
와 동선을 예측해 가구의 배치를 고려하는 것이 우선순위입니다.

> > > > > > >

1. 아일랜드 식탁을 놓으면서 자연스럽게 통로가 된 주방 건너편 모습. 협탁을 놓되 동선에 방해되지 않도록 폭을 좁게 만들었다. 협탁 만드는 방법_220p.

2. 보일러 배관함이 있는 벽 위에 원목합판을 얹고 같은 재질과 폭으로 찬넬 선반을 달아 통일감 있는 수납공간을 완성했다.

3. 베란다 쪽 작업 책상. 책장에 단 클램프 조명은 공간에 제약을 받지 않고 설치할 수 있는 장점이 있다. 이케아 제품.

065

부드럽게 걸러준 빛, 톤다운 된 벽으로
최적의 휴식 공간이 된 안방

동향집, 특히 안방에 동향으로 창문이 나 있는 집에서 살아본 사람이라면 누구나 공감할 수 있습니다. 바로 쏟아지는 아침 직사광선에 눈이 부셔 잠에서 깨어난다는 것. 주인아주머니는 집을 보러 왔을 때 심지어 가끔은 앞 동 건물 사이로 일출도 볼 수 있다고 자랑하셨더랬지요. 새벽같이 일어나는 아침형 인간에겐 자명종이 필요 없는 훌륭한 조건이겠지만 우리 부부 같은 저녁형 인간에게 일출은 늦잠을 방해하는 과잉 자외선일 뿐. 밤낮없이 잠을 쪼개자는 아기에게도 넘치지 않는 조도가 필요했습니다. 그래서 선택한 것이 반투명 롤 블라인드입니다. 커튼보다 깔끔해 정돈된 느낌을 주면서도 쏟아지는 오전의 빛을 은은하게 걸러줄 때는 간접조명을 켜놓은 듯 빛이 부드럽게 번지는 효과를 줍니다. 몇 번을 거칠게 덧칠했는지 유리에까지 페인트가 지저분하게 묻어 있는 커다란 창문을 정돈해주는 역할도 겸하구요.

침대에 누웠을 때의 눈높이인 창턱에 화분을 놓고 블라인드를 그만큼 올려주면 마치 하얀 벽에 낮고 긴 쪽창을 낸 듯 작은 프레임의 소박한 풍경을 선사해줍니다.
활기가 있는 거실과는 다른 분위기를 연출하기 위해 안방문은 채도가 낮은 짙은 청색으로 칠해 입구에서부터 분위기를 환기시키고 벽 또한 연한 회색으로 칠해주어 차분하게 가라앉혀주었습니다. 밤낮이 따로 없는 아내와 아기, 그리고 야근이 잦아 종종 늦잠을 자야 하는 저를 포함한 모든 가족을 위해 침실은 확실한 휴식 공간으로 만들었습니다.
새벽에 깬 아기를 돌보거나 밤중 수유를 위해 침대 양쪽에 간접조명을 설치하고, 침대 머리맡에는 신혼여행에서 직접 찍은 흑백사진으로 대형 캔버스 액자를 제작해 걸어줌으로써 이야기가 담긴 따뜻한 침실로 연출했습니다.

>>>>>>>
관절형 스탠드는 에이모노 제품.
플로어 스탠드는 이케아 제품.

> > > > > > > >
작업실 겸 음악실 겸 손님방으로
사용하는 작은방.

가능성이 무궁무진한 프라이빗 멀티플레이룸으로!
기능에 충실한 작은방

작은방은 전세 계약이 연장되면 아이방으로 꾸며줄 생각입니다. 아직은 아기가 너무 어려 방이 따로 필요 없고 단발 계약으로 끝나거나 그 안에 로또라도 맞아버리면 짐 챙겨서 나가야 할 테니 당분간은 작업실 겸 음악실 겸 손님방, 아기짐 보관방 겸 빨래건조방, 시어머니 급방문 시 어지럽혀진 물건 싹 던져놓고 "어머, 문이 왜 잠겼지?" 하기에 딱 좋은 멀티플레이룸으로 사용키로 했습니다.

자연스럽게 어질러져 있는 경우가 많아 장난삼아 출입구에 떡하니 'STAFF ONLY'라고 프린트해 붙여놓았더니 이후로는 집에 놀러 온 친구나 가족들이 작은방 문을 벌컥벌컥 여는 일이 줄어들어 재미있습니다. 멀티플레이룸, 일명 '잡동사니방'이지만 나름의 배치를 생각하지 않을 순 없지요. 앞뒤의 폭이 좁아 공간을 크게 차지하지 않는 피아노를 방문 옆에 두어 동선을 방해하지 않게 합니다. 방문을 열어놓고 피아노에 앉으면 거실 안쪽까지 시야가 닿기 때문에 연주를 하는 동안에도 지속적으로 가족과의 교감이 이루어집니다. 집중도가 필요한 컴퓨터나 재봉 작업은 작은방의 가장 안쪽 작업 공간에서 세상을 등진 채 이루어집니다. 지금 이 책을 쓰느라 많은 시간을 이 자리에서 보냈지요. 원목 상판과 철제 다리가 내추럴한 분위기를 내는 이 책상은 집주인이 놓고 간 사무용 책상을 저렴하게 리폼한 것으로 좀 더 오래 살게 될 경우 부담 없이 치우고 아이의 침대를 놓을 계획입니다.

수납공간의 기능을 살린 베란다와
기본 리폼으로 느낌을 바꾼 욕실

부부 둘이 살 때보다 아이가 태어나면 이것저것 짐이 늘어나기 마련입니다. 이럴 때 가장 절
실하고 요긴한 공간이 바로 자투리 수납공간이지요. 수납공간으로 사용하기 좋은 베란다에
맞춤형 선반을 짜 넣으면 좀 더 효율적이고 깔끔하게 활용할 수 있습니다.
전셋집의 욕실은 가장 손대기 어려운 공간이긴 합니다만 거울, 선반, 욕실장 등의 부착물들
을 리폼하거나 교체함으로써 이전과는 다른 느낌으로 변신이 가능합니다.

> > > > > > > >

베란다 안쪽에는 수납장을 짜 넣어 잡동사
니들을 보관할 수 있게 했다. 수납장 위쪽
으로 롤 스크린이나 커튼을 달아주면 깔끔
하고 정갈한 수납공간이 완성된다.

개성 없이 밋밋한 느낌이었던 욕실은 원목
으로 테두리를 만들어준 거울, 원목 선반
등으로 따뜻하게 변화시켰다.

욕실 한편에 둔 원목 선반. 욕실에 필요한 물건
들을 수납하는 것 외에 작은 화분이나 책을 놓
아 장식 효과도 누릴 수 있다.

Q&A 전셋집을 꾸미면서
가장 많이 들었던 질문들

Q. 남의 집을 그렇게 마음대로 고쳐도 되나요?

A. 남의 집을 마음대로 고치면 되는지 안 되는지는 사람마다, 케이스마다 다릅니다. 벽에 못 하나 박는 것도 싫어하는 집주인이 있으니까요. 주인의 입장을 어느 정도는 이해합니다만 그렇게 까다로운 경우에는 셀프 리폼하기 어려우므로 되도록 계약을 하지 않는 것이 좋습니다.

저는 집을 보러 가고 계약을 진행할 때까지 집주인과 많은 이야기를 나누는 편입니다. 그 와중에 집을 어느 정도 어떻게 손보며 예쁘게 잘해놓고 살겠다고, 지금 상태보다 더 마음에 드실 거라고 약간의 허풍과 함께 양해를 받은 후에야 계약을 하지요.

그리고 혹시 집주인이 집을 꾸며놓은 게 마음에 들지 않는다며 배상을 요구하면 원상복구 및 상식적인 선에서 배상할 의사도 있습니다. 그것들도 염두에 두고 작업을 하니까요.

사람 사는 세상에서 대부분의 문제는 서로 죽어도 손해를 안 보려고 하는 데서 일어나는 것 같습니다. 뭐 내가 한 일 내가 책임지고 때론 손해 좀 보고 살겠다고 생각하면 의외로 일은 쉽게 해결되곤 합니다.

Q. 집 꾸미는 데 비용은 얼마나 들었나요? 어차피 내 집도 아닌데 왜 그렇게 돈을 들이죠?

A. 이 책을 펼쳐서 여기까지 읽고 계실 정도로 인테리어에 관심을 갖고 있는 분이라면 언젠가 내 집을 마련하면 제대로 멋지게 한번 꾸며보고 싶다는 생각을 하신 적 있겠죠. 기존의 집 상태와 원하는 콘셉트, 자재 등에 따라 다르겠지만 약 80㎡(24평) 아파트를 기준으로 인테리어 공사를 할 경우 대충 계산해도 2000만~3000만 원은 기본으로 들어갈 겁니다. 확장 공사를 포함해 도배와 바닥 교체, 욕실 공사와 싱크대 교체, 조명 공사에 붙박이장까지 기본적으로 들어가는 비용이 그 정도입니다. 가구나 전자제품, 기타 살림살이 비용은 따로 계산해야겠죠.

그럼 제가 여태껏 작업했던 전셋집에 들인, 떼어가지 못하는 것들에 소요된 비용은 어느 정도일까요?

신혼집에 들어간 비용은 약 20만 원 정도였습니다. 친구집에는 장판을 교체하느라 좀 더 들어 50여 만 원, 지금 살고 있는 두 번째 전셋집에는 조금 욕심내서 30여 만 원 정도 들어갔습니다. 마찬가지로 가구나 이사 후에도 재사용할 수 있는 직접 설치한 조명과 선반 등의 비용은 제외하구요.

자, 제가 결혼해서 내 집 마련까지 10년 정도(제발 그보다 빠르길 바라지만) 걸린다고 봤을 때 이사를 적게는 서너 번에서 많게는 다섯 번까지 다닌다고 가정해봅시다. 지금 이 두 번째 집이니 앞으로 두세 번 이사를 더 다니고 내 집을 마련하면 좀 더 욕심을 내서 최종적으로 얼마나 들지는 잘 모르겠습니다만 아마 모두 합해도 2000만~3000만 원에는 못 미치지 않을까 합니다. 그리고 내 집을 장만하기 전까지 젊고 아름다운 시절, 다양한 시도와 시행착오를 거치며 집집마다 재미있는 추억도 남겠죠. 소원하던 '내 집'을 취향대로 멋지게 꾸밀 수 있는 노하우와 경험도 함께 쌓아가면서요.

Q. 그렇게 꾸며놓고, 때론 물어주기도 하며 2년마다 이사 가기 아깝지 않나요?

A. 꾸며놓은('정리해놓은'이라는 표현이 더 맞겠네요) 것에 대한 아쉬움은 집을 편하게 쓰게 해준 주인에 대한 답례, 다음에 이사 오는 사람에 대한 선물, 그리고 몇 해 동안 편안한 공간과 추억을 제공해준 집에 대한 고마움으로 남겨놓고 간다고 생각하면 그리 아깝지 않습니다.

사실 대부분의 것들은 고스란히 떼어서 다음 집에도 쓸 수 있기 때문에 오히려 전세 기간이 끝날 때쯤이면 또 어떤 모습으로 달리 살아볼까 설레기도 합니다.

인테리어 준비

A to Z

전셋집 구하기부터
이사까지

앞으로 2년, 혹은 전세기간을 연장하면 그 이상의 시간을 보낼 젊은 날의 전셋집.
매의 눈으로 꼼꼼하고 예리하게 살펴보는 건 당연한 일이다. 전셋집을 구할 때 주의할 점과
셀프 인테리어하기 좋은 집의 기준을 정리했다.

셀프 인테리어하기 좋은 전셋집의 기준

집은 인테리어의 기본입니다. 키가 크든 작든 옷걸이가 좋은 사람에게는 무슨 옷을 입혀도 맵시가 나듯 집을 잘 구해야 가구고 소품이고 빛을 발합니다.

제가 꼽는 인테리어하기 좋은 전셋집의 조건은 채광과 구조가 좋고, 적당히 낡았는데 싱크대와 화장실은 깨끗한 집입니다. 거기에 집주인 마음이 넉넉하면 금상첨화겠지요.

원하는 걸 얻으려면 포기도 해야 한다는 건 인생의 모든 일에 통용되는 법! 집이 좀 낡아도 괜찮다는 카드로 다른 것들을 욕심내보는 거죠.
전세 계약의 조건은 처음 상태 그대로 살다 나오는 게 원칙이라 집주인이 까다로우면 집 자체에는 손대기 힘들어집니다. 집주인이 어느 정도의 변화에는 트집 안 잡고 넘어갈 정도로 사람이 괜찮아 보이면 집에 손을 좀 보겠다는 의사를 미리 밝혀두는 편이 좋아요.

그래서 오히려 적당히 낡은 집이 좋습니다. 새 집이나 최근에 인테리어를 한 집들은 집주인이 집에 손대는 것에 대해 매우 민감하거든요.
물론 그런 집이 자신의 취향에 딱 맞는다면 더 생각해볼 것도 없이 계약을 하겠지만 대부분 다른 곳보다 시세도 비싸고 현재의 상태가 취향에도 안 맞는 경우가 많아서 그냥 살자니 내내 마음에 안 들고 고치자니 주인 눈치도 보여 사는 동안 내내 찜찜하죠(저희 신혼집 작은방의 꽃무늬 벽지가 이 경우라서 깔끔하게 포기하고 살았습니다).
적당히 낡은 집은 집주인이 집의 변화에 덜 까다롭기도 하고 오히려 좋게만 바꿔준다면 손보는 걸 은근히 반기기도 합니다.
게다가 낡은 집은 도배와 장판, 몰딩이나 문짝만 칠해도 분위기가 확확 바뀌는 걸 보는 재미가 쏠쏠하거든요.
그러니 집을 볼 때에는 지금 그 집에 살고 있는 사람이 어떻게 해놓고 있는지보다는 살림살이가 모두 빠져나가고 벽과 바닥이 어느 정도 정리되었을 때를 상상해보아야 합니다.

다만 세입자로서는 쉽게 고치기 힘든 부분이 있는데 바로 싱크대와 화장실입니다.
두 경우 모두 내 돈 들여 바꾸기도 부담스럽고 혹시 고쳤는데 집주인이 따지고 들면 원래대로 돌려놓기도 어려워요.

굳이 쏙 마음에 들지는 않더라도 손 안 대고 살아도 될 만큼, 또는 아주 약간의 리폼으로도 변화를 줄 만한 싱크대와 화장실이면 충분합니다.
물론 모든 조건을 충족하는 집을 구한다는 게 쉽지는 않습니다.
매의 눈으로 죽어라고 돌아다니는 수밖에요!
공인중개사가 두 손을 들었다구요?
걱정하지 마세요. 세상은 넓고, 집은 많고, 공인중개소는 언제나 우리를 기다립니다.

전셋집을 둘러볼 때 꼭 확인해야 할 것들

향과 층은 꼭 염두에 두어야 합니다

환하게 형광등을 켜놓은 1층집이나 오전에 들른 동향집에 가서 '야~ 이 집 밝고 좋네'라며 감탄하고 덜컥 이사를 했다간 전세 기간 내내 어둠 속에서 자신의 무지함에 괴로워하는 사태가 발생할 수 있습니다.

꼭대기층의 경우에도 뚜렷한 사계절을 가진 대한민국의 아름다운 여름과 겨울을 온몸으로 체감할 수 있는 가능성이 농후하기 때문에 봄, 가을에 가셔서 쾌적하다고 착각하는 건 곤란하구요.

반지하는 여름 장마 기간에 곰팡이가 생기거나 지대가 낮은 경우 하수도 역류와 침수의 가능성도 생각해봐야 합니다.

1층집과 꼭대기층, 옥탑이나 반지하, 그리고 향이 좋지 않은 집들이 다른 곳보다 매매 가격이나 전세 가격이 저렴한 이유가 바로 이러한 점들 때문입니다.

그럼에도 불구하고 1층은 한참 발랄하게 뛰어다니는 남자아이들이 있는 경우 오히려 선호되기도 합니다. 옥탑 역시 저렴한 비용에 옥상 공간을 자신의 개인 마당처럼 쓸 수 있어 추위와 더위에 둔감한 낭만주의자들에겐 제격일 수도 있지요.

동향의 경우에도 낮에 항상 집을 비우는 맞벌이 부부에게는 부족한 채광이 큰 문제가 되지 않을 겁니다.

어쩔 수 없이 반지하나 지하에 집을 얻을 경우는 집을 보러 갔을 때 땅과 맞닿은 벽면이나 구석을 잘 살펴보는 게 좋습니다. 지난 장마 이전에 도배했는데도 벽이 보송하다면 곰팡이나 누수에 대한 걱정은 조금 덜어도 괜찮을 테니까요.

사정상 향이나 층이 마음에 들지 않는 집을 계약할 경우 그 집의 단점이나 특징에 대해 충분히 인지하고 고민한 후에 결정해야 합니다. 마치 속아서 계약한 기분이 든다면 인테리어고 뭐고 2년 내내 찜찜한 마음일 테니까요.

김반장의 전셋집 체크리스트!

향과 층을 체크!!
남향OK!! 다만 반지하라는게 함정인가...

수압 체크!!
콸콸 나오는구나!
화인했으면 그만 잠궈!!
집주인

냄새 체크!!
페인트 냄새가 조금...
콜콜
그리고..
치킨?? 치킨인가?? 웬집이 설마...??

세탁기, 냉장고 자리 체크!!
세탁기가 이 문을 통과해 주려나... 풀이.....
인정도?
※ 정확한 치수를 알아보자!!

등기부등본 체크잉!!
그럴지, 등기부등본을
체크하고,
[또 체크하고!!
[또 체크하는 겁니다!!

배치도 그려보기.
침실에서 화장실까지 4m니까..
인강이 있어야 하나!!!
[또 대체 왜!!
가구들 놓을 자리나 결정해!!!

수압은 확인해보셨나요?

집을 계약할 때 눈에 보이지 않아 간과하는 것 중 하나가 수압입니다. 수압 약한 집에서 살아보지 않은 사람은 그 찔찔거리며 나오는 물의 환장함을 알지 못합니다. 샤워할 때도 찔찔, 설거지할 때도 찔찔찔, 머리 감으려고 샴푸를 왕창 묻혔는데 찔찔찔찔… 뚝!
수압 문제는 아파트나 공동 주택보다는 다가구 주택이나 단독 주택에서 빈번하게 나타납니다. 간단하게 확인하는 방법은 양해를 얻어 한번 틀어보는 겁니다. 세면대와 싱크대의 물을 동시에 틀어도 적당한 수압이라면 이미 살고 있는 사람에게 물을 많이 쓰는 출근시간대에도 수압이 괜찮은지 확인하는 게 좋습니다.

냄새도 맡아봅시다

수압을 확인하며 같이 체크할 부분은 냄새입니다. 화장실과 싱크대의 배수구에서 역한 냄새가 나지는 않는지, 하수구를 타고 올라오는 고질적인 냄새를 확인합니다. 특히 화장실은 물때가 끼고 세균이 번식하는 걸 방지하기 위해 통풍과 건조가 잘되도록 하는 게 중요한데 고질적으로 냄새가 올라오면 항상 화장실문을 닫고 있어야 할 뿐더러 위생상에도 문제가 발생할 수 있기 때문입니다.

세탁기와 냉장고 위치도 가늠해봐야지요

옷장이나 침대 등 커다란 가구의 경우에는 미리 크기와 위치를 가늠하곤 하는데 흔히 간과하는 것이 세탁기와 냉장고의 위치입니다.
냉장고의 용량과 크기가 점차 커지는 추세이고 오래된 집 구조에선 한쪽으로만 문을 열 수 있도록 공간이 정해진 데에 반해 요즘 냉장고는 대부분 양문형이라 막상 이사 후에 놓을 자리가 부족하거나 문을 열 수 없어 당황하는 경우가 많습니다. 냉장고와 같이 부피가 크고 주방의 동선에 영향을 미치는 가전제품이 계획했던 자리에 들어가지 않게 되면 전체적인 인테리어에도 영향을 미칠 수밖에 없습니다. 간혹 냉장고가 방에 놓여 있는 집들이 있는데 바로 이런 경우입니다.
세탁기도 마음 편히 베란다에 놓을 수 있을 거라 생각하는데 아파트는 베란다에 설치할 수 없는 경우가 많고 작은 평수의 집이라면 화장실 역시 화장실문의 폭이나 공간이 좁아 흔히 사용하는 대용량 세탁기를 집어넣지 못하는 경우가 생길 수 있습니다. 그 외에도 주차는 가능한지, 관리비나 가스 요금은 얼마나 나오는지, 옆집에 개는 안 키우는지, 혹시 집주인이 도배 정도는 해줄 의사가 있는지, 공짜로 무선 인터넷은 잡히는지…. 이것저것 꼼꼼히 따져볼수록 괜찮은 전셋집을 구할 수 있겠지요.

전셋집 계약 시 주의할 점

인테리어 책에 갑자기 웬 까다로운 이야기인가 싶으시겠지만 전세 계약은 전 재산 또는 그 이상의 돈이 걸린 일입니다. '공인중개사를 통해서 계약하는데 별일이야 있겠어?'라고 안심하실 수도 있지만 가끔 그 별일이 생기기도 하고 이 정도 생활 상식은 익혀두는 게 좋으니 마음에 드는 전셋집을 발견해 계약을 앞두고 있다면 다음과 같은 몇 가지는 반드시 유념해둬야 합니다.

등기부등본 확인하기

등기부등본을 떼어 하자가 없는지를 확인합니다. 등기부등본에는 계약하고자 하는 물건의 소유자를 포함해 이해관계와 권리 유무 등의 정보가 기록되어 있기 때문에 꼭 본인이 직접 확인해보는 게 좋습니다.

가등기, 가처분, 압류, 가압류 등 뭔가 불길하고 이상한 단어가 있으면 일단 계약 스톱! 재고하는 게 좋습니다. 이런 경우 보통의 전세가보다 싸게 나오는 경우가 있어 욕심이 나기도 하겠지만 욕심엔 언제나 뒤탈이 따르게 마련입니다.

집주인이 주택 구매 시 어느 정도의 융자금을 받은 경우 큰 문제는 없는데 혹시 경매로 넘어갈 시에 낙찰가가 보통 시세의 70~80% 수준임을 감안해 융자금과 전세금의 합이 이 수준을 넘지 않는 게 안전합니다. 시세가 하락할 수 있다는 점을 감안하면 역시 융자금은 적을수록 좋겠지요.

등기부등본에 이상이 없으면 등기부등본에 나온 소유주와 계약 당사자, 그러니까 집주인이 일치하는지도 확인하구요. 신분증을 대조해 본인이 맞는지, 주민등록번호가 일치하는지 체크합니다.

· 대 리 인 일 경 우

집주인의 대리인과 계약할 경우, 위임장을 꼭 확인하세요. 계약 시에 등기부등본상의 명의자가 오지 않고 배우자나 가족 등 대리인이 오는 경우가 있습니다. 이럴 경우에는 반드시 명의자의 인감증명서와 인감도장, 위임장을 꼭 확인하고 직접 통화를 시도해 내용을 확인하는 게 좋습니다.

· 확 정 일 자 받 기

계약서를 쓰고 잔금을 지불하기 전에는 한 번 더 등기부등본을 열람하고 변동된 사안이 있는지 재차 확인해봐야 합니다. 이상이 없으면 잔금을 치르고 영수증을 받은 후 계약서와 도장,

신분증을 지참해 동주민센터에서 전입신고를 하고 확정일자를 받습니다. 저는 가능한 한 이사 당일 바로 해두는 편입니다.

확정일자란 경매나 공매 시 보증금을 우선변제받기 위해 임차인이 신청하는 민원으로 법률에서 인정하는 일자입니다. 확정일자를 받아두면 혹시 모를 전셋집의 소유권과 관련한 분쟁 시에도 후순위의 권리자나 채권자에 우선해 보증금을 돌려받을 수 있기 때문에 꼭 받아놓아야 합니다.

좀 까다로워 보일 수도 있습니다만 전 재산이자 가족이 당장 머물 집에 대한 일이니만큼 까다로워도 됩니다. 아무리 강조해도 지나치지 않은 사항들입니다. 대신 좀 웃으며 까다로우면 되지요.

아주 가끔 신분증을 위조해 사기 매매를 하는 경우도 있는데 '민원24(www.minwon.go.kr)'에서는 주민등록증의 진위 여부를 확인할 수 있는 서비스를 제공하고 있으니 왠지 수상하다 싶으면 한 번 확인해보도록 하세요.

등기부등본은 대법원 '인터넷 등기소(http://www.iros.go.kr/)'에서 인터넷상으로도 누구나 열람 및 발급받을 수 있습니다.

이사 전에 해야 할 일

배치도 그려보기

이사 갈 집이 정해졌다면 먼저 공간을 어떻게 쓸지 계획해놓아야 합니다. 아래는 제 두 번째 전셋집의 도면입니다.

이런 도면은 아파트 같은 경우는 관리실이나 근처 공인중개소, 심지어 인터넷상에서도 구할 수 있어 편하긴 한데 도면에 나온 치수와 실제 치수는 약간의 차이가 있기 때문에 꼭 미리 줄자로 재보는 게 좋습니다. 양해를 구하고 실측하러 갔더니 어머니뻘 주인아주머니는 남자가 꼼꼼하고 가정적이라며 좋아하십니다. 커피 얻어 마시고 이런저런 이야기하며 친분을 맺었으니 몰딩 좀 칠해도 매정하게 뭐라 하진 않겠죠. 헛헛~

85.8m^2(26평)이라고는 하지만 20년이 넘은 오래된 구조라 요즘 나오는 24평형 아파트보다도 작아 보이는 구조네요. 20평형대 초반의 아파트에서 쉽게 볼 수 있는 구조를 조금씩 늘려놓은 모습입니다.

벽 두께라든지 문의 크기를 감안하지 않은 치수라 역시 실측과는 꽤 큰 차이를 보입니다.

도면 사이즈만 믿고 한번 휙 둘러본 구조를 머릿속으로 대충 계획했다간 이사하는 날, 단 몇 센티미터의 차이로 예상했던 자리에 가구가 들어가지 않거나 놓고 보니 이상한 경우가 생기곤 합니다. 가구 하나가 자리를 못 잡고 다른 곳으로 쑤셔 넣어지다 보면 집 전체에 영향을 미치고 이삿짐센터 직원들도 바쁘고 힘든 양반들인데 여기에 놓아달라 저기로 옮겨달라 갈 팡질팡하면 분위기 참 애매해집니다. 그렇기 때문에 이사 전에 실측한 치수를 토대로 배치도 를 한번 그려보는 게 좋습니다.

이사 갈 집의 평면도를 펜으로 그리고 실제 치수를 표기한 후 지금 가지고 있거나 새로 구입 할 가구와 가전제품들의 사이즈를 정확히 파악해 연필로 여기저기 적당한 크기로 그려넣었 다 지웠다를 반복하며 자리를 잡아봅니다.

이 방법은 특히 직접 놓아보기 전에 가구의 폭뿐 아니라 두께에 대한 감을 잡을 수 있어 시행 착오를 줄일 수 있습니다. 예상치 못한 장소에서 툭 튀어나온 두툼한 가구의 옆면은 미관상으 로도 답답해 보이지만 이동에도 불편함을 주기 때문에 서투르게라도 직접 모양을 그려보는 게 좋습니다. 마치 인테리어 스타일리스트가 된 기분으로요.

집을 보기 좋게 꾸미는 것보다 사실 이 단계야말로 앞으로 살 2년을 결정짓는 중요한 과정입 니다. 거주자의 움직임과 행동반경이 여기에서 정해지기 때문입니다. 짧게는 하루, 길게는 2년 동안 그 집에서의 생활을 계획하고 일상을 상상해보며 공간을 구분하고 가구를 요리조 리 옮겨보도록 합니다.

저로서는 이 집에서 아이가 태어나고 18개월 정도까지 거주할 예정이기에 그에 대한 고려 사항이 특히 필요했습니다.

침실은 전적으로 휴식 공간으로 현재 설치되어 있는 붙박이장 이외에 침대와 화장대 말고는 아무것도 넣지 않을 계획이며 여유 공간은 아이가 태어난 후 아기 침대 등 갓난아이 공간으 로 비워놓기로 합니다.

구조상 식탁이 주방 한가운데 떡하니 자리 잡게 되는 단점이 있지만 마치 카페의 테이블처럼 적당한 조명과 아일랜드 식탁을 연결해, 시야와 동선을 방해하는 게 아니라 이 집의 첫인상 을 결정짓는 포인트가 되게 해볼까 합니다. 식탁에서 커피를 마시거나 노트북을 쓰거나 책을 읽을 때 거실의 TV와 창, 창 너머 화분이 한눈에 들어오도록 자리를 잡아 쾌적한 시야를 확 보할 계획이지요.

거실 입구 쪽이 아이의 놀이 공간이 될 것이기 때문에 나중에 공간의 확보가 가능하도록 바 퀴가 달려 이동 가능한 TV장을 놓고 베란다 방향엔 동선에 방해를 받지 않는 작업용 테이블 을 놓을까 합니다. 실내를 향해 앉을 수 있도록 대면형으로 놓으면 컴퓨터를 이용하거나 작 업을 하면서도 주방과 거실이 한눈에 들어와 아기에게서 시선을 떼지 않을 수 있겠지요.

작은방은 일단 피아노만 두고 당분간은 여유 있게 비워놓았다가 늘어날 아이의 물건을 보관 하거나 프리랜서 번역가인 아내의 작업실 용도로 사용할 수도 있을 것 같습니다.

이렇게 거창하게 계획은 세웠지만 언제 또 바뀔지 잘 모릅니다. 인테리어에 정답이란 없으니까요.

막상 가구를 배치하고 생활하다 예상과 다르거나 마음이 바뀌면 죽어라고 또 낑낑대고 옮기는 거죠. 상황에 따라 가구의 적당한 자리를 찾아 옮기는 일은 계절마다 이불을 바꾸는 것만큼이나 자연스럽고 재미있는 일입니다.

방문에 변화를 주거나 선반을 달고 액자를 거는 등의 디테일한 인테리어는 공간의 구분과 가구의 배치가 어느 정도 끝난 다음의 일입니다.

패션에도 스쿨 룩, 오피스 룩, 댄디 룩, 밀리터리 룩, 복학생 룩 등이 있듯이 인테리어에도 스타일이라는 게 있고 분명 유행도 있습니다. 몇 년 전만 해도 프로방스 스타일이 크게 유행했던 때가 있었지요. 인테리어 관련 카페에 들어가면 마치 프랑스의 시골에서나 봄직한 디자인의 하얀 가구와 레이스 달린 소품들, 방문마다 달려 있던 차양과 돌출형 벽시계를 수도 없이 볼 수 있었습니다. 일본식 내추럴 스타일과 빈티지도 유행하더니 요즈음엔 북유럽 스타일이 주목받는 분위기입니다. 이전과는 다르게 다양한 스타일의 인테리어가 사랑받고 시도되는 건 인테리어를 취미로 즐기며 다른 사람들의 살아가는 모습을 구경하는 걸 좋아하는 저로서는 분명 반가운 일입니다.

다만 우려스러운 건 유행에 편승해 예뻐 보인다고 이 콘셉트 저 콘셉트 다 끌어들이는 경우입니다.

흔한 예로 인테리어에 관심은 있는데 왠지 자신의 집이 마음에 들지 않는다며 고민하는 사람들의 집에 가보면, 기존의 아파트 마감은 모던 콘셉트인 데 반해 가구는 혼수로 구입한 화려한 장식의 앤티크 스타일인 경우도 있고, 반대로 현란한 몰딩과 꽃무늬 광택 실크 벽지 마감의 공간에 내추럴한 원목 가구나 프로방스풍 가구로 언밸런스가 무엇인지를 적나라하게 뿜어내는 집들이 허다합니다.

거기에 혼수 가전제품의 최고봉인 꽃무늬에 큐빅이 영롱하게 반짝이는 냉장고와 에어컨, 김치냉장고라도 떡하니 자리하고 있다면 왜 그리 인테리어에 신경 쓰는 데도 마음에 들지 않는지 짐작이 갑니다. 자신의 취향을 제대로 파악하지 못한 상태에서 구입한 혼수 살림과 그 후에 단순히 예쁘다는 이유로 사온 살림들의 향연이란 마치 군복 바지에 와이셔츠, 가죽 재킷을 입고 페도라를 눌러쓴 후 백구두에 명품 빅 백을 매치한 듯한 형상인 거지요(잠깐… 머… 멋진데?).

최소한 공간 단위로 콘셉트를 정하고 그에 맞도록 꾸미는 게 좋습니다. 콘셉트라고 거창할 건 없고 원하는 스타일이 어떻게 불리는지도 사실 별 상관없습니다. 모던이니 레트로니 스칸디나비안이니 컨템퍼러리니 하는 것들은 전문가들이 편의상 나누어놓은 것들에 불과하니까요. 저희 같은 생활인들은 그저 자신이 어떤 공간에서 편안함과 행복을 느끼는지를 스스로 알아가는 과정이 선행되어야 합니다. 평소에 눈여겨봐 두었던 집이나 좋아하는 카페, 펜션, 호텔 등의 분위기를 떠올려 공통점을 찾아내는 게 그 첫걸음입니다. 깔끔하고 군더더기 없는 스타일을 좋아하는지, 세월의 흔적을 간직한 낡고 편안한 스타일을 좋아하는지, 아기자기한 소품이 가득한 낭만적인 스타일을 좋아하는지, 대리석과 하이그로시의 으리으리한 회장님댁 스타일을 좋아하는지, 하얀 벽과 마룻바닥과 목재 가구의 소박한 스타일을 좋아하는지,

거기에 어떤 컬러를 좋아하는지까지 스스로에게 자문해보는 과정을 거치면 자연스럽게 자신의 취향과 원하는 콘셉트가 결정될 것입니다. 그다음에 비슷한 분위기를 담아낸 공간의 아이디어를 하나 둘 따라 해보노라면 어느새 주변이 원하던 것으로 채워져 가는 것을 느낄 수 있을 겁니다.

제 경우에는 화이트를 기본으로 하고 목재와 철재 등 소재 자체가 자연스럽게 드러나는 내추럴한 스타일에 컬러감이 있는 패브릭과 소품으로 살짝 포인트를 주는 방법을 선호합니다. 거기에 상업적인 공간에서나 쓰일 법한 투박한 질감의 간접조명으로 인더스트리얼한 느낌을 가미하려고 욕심내고 있습니다. 이런 스타일은 주로 홍대나 가로수길의 소박한 카페 인테리어에서 볼 수 있는데 아내나 저나 워낙에 연애 시절부터 카페에서 보내는 시간을 좋아했기 때문에 자연스럽게 몸에 밴 취향입니다.

벽과 바닥은 화려하게 꾸미기보다 최소한의 정리만 하고 가구와 조명, 소품에 감각을 집중해 이사를 다닐 때마다 옮겨가는 것에도 문제없다는 점에서 전셋집 인테리어에 적합한 콘셉트이기도 하지요. 요즘은 북유럽 스타일에도 관심이 있는데 다행히 저희 집 스타일과 비슷한 점이 많아 쿠션을 교체한다든지 소품을 추가하며 집을 꾸며나갈 계획입니다.

어디까지 손볼 것인가?
예산은 얼마나 들일 것인가?

인테리어란 크게는 구조 변경부터 작게는 베란다의 작은 화분 하나까지 집 안을 구성하는 모든 것들이 조화를 이루어야 하기 때문에 워낙 포괄적인 개념이라 퉁쳐서 '딱 어느 정도가 든다' 또는 '얼마만큼만 쓸 거다'라고 이야기하기에는 사실 무리가 있습니다.

흔히 인테리어 업체라고 불리는 곳에 맡기면 공간 확장에서부터 화장실과 싱크대 시공, 벽과 바닥 교체, 붙박이 가구, 조명 공사에까지 이르고, 스타일링까지 책임지는 인테리어 스타일리스트나 디자이너에게 의뢰하면 요구하는 콘셉트에 맞는 가구와 커튼, 침구, 쿠션이나 카펫 등의 패브릭에 소품까지 적재적소에 배치해주기 때문에 디자인 비용까지 추가되어 견적도 천차만별이지요. 그렇기 때문에 인테리어의 예산을 정할 때에는 어디서부터 어디까지를 예산에 포함시켜야 할지 결정해야 합니다.

거주 기간이 짧은 전셋집 인테리어의 예산은 자기 집 인테리어와는 좀 다른 접근이 필요합니다. 그 집에 일회성으로 들어가는 작업에 대한 비용과 이사 후에도 지속적으로 사용 가능한 것들에 대한 비용을 따로 계산해 예산을 세우는 편이 좋습니다.

전자의 경우는 당연히 비용과 수고를 최소화하는 게 좋고요, 후자의 경우는 다소 투자를 하는 거지요. 즉, 웬만큼 봐줄 만한 장판은 교체하지 않고 그대로 사용하며, 눈여겨보던 괜찮은 테이블은 과감하게 사는 식으로요.

그동안 제가 꾸민 집들에 들어간 비용을 살펴보겠습니다. 신혼집의 경우엔 벽과 바닥의 상태가 양호해 손대지 않았고 현관의 칠판 작업, 작은방 문에 칠한 페인트와 주방 벽, 시트지, 소파 뒤 선반과 베란다의 수납 선반까지 약 20만 원이, 지금 살고 있는 전셋집에는 바닥은 그대로 사용하고 벽과 몰딩, 방문의 페인트, 주방의 핸디코트와 타일, 중문의 리폼 비용 등 소소한 작업을 포함해 약 30만 원이 들었습니다.

상계동 친구네 집은 방과 주방 등 총 33m²(10평) 정도의 장판을 교체하느라 약 30만 원, 주방 칸막이 작업과 베란다 수납공간, 작은방과 방문의 페인트 등의 비용으로 약 20만 원이 들었지요. 처형의 싱글 룸은 큰맘 먹고 교체한 데코타일 시공과 실크 벽지에 약 50만 원, 행어 가리개와 페인트 등에 약 15만 원 정도가 들었습니다.

보시다시피 도배와 장판으로 대표되는 벽과 바닥의 정리에 가장 많은 비용이 들어가기 때문에 이 비용을 절감한다면 예산은 크게 줄일 수 있습니다.

그 외의 조명이나 선반, 직접 제작하거나 리폼한 가구들은 이전 집에서부터 사용해오던 것들을 활용하거나 다음 집에서도 계속해서 사용할 수 있도록 염두에 두고 구매한다면 이사를 다니는 과정에서도 크게 예산을 늘리지 않을 수 있겠지요.

가장 중요한 건 기존의 집 상태에서 가능성을 발견하고 최대한 활용하는 방법을 찾아내는 것입니다. 우리는 인테리어라는 명목으로 너무 많은 멀쩡한 것들을 뜯어내고 교체하는 낭비를 하고 있으니까요. 모든 것은 낡아갑니다. 새것에 대한 집착을 버리고 자연스럽게 낡아가는 것에 대해 애정을 갖는 일, 이거야말로 지갑과 지구를 동시에 지키는 일이 아닐까요?

이사 전의 필수 작업

콘셉트와 예산을 정하면서 동시에 염두에 두어야 할 것은 전셋집의 상태입니다. 전셋집의 상태가 원하는 콘셉트와 얼마나 비슷한지 살피는 게 중요합니다. 운이 좋으면 간단한 페인트칠 정도로 끝낼 수 있고 어떤 경우에는 도배와 장판을 비롯해 꽤 많은 수고와 비용이 들어가는 경우도 있을 겁니다.

다른 작업은 살아가며 조금씩 직접 해나갈 수도 있겠지만 벽과 바닥의 경우는 가능한 한 살림살이가 들어가기 전에 시간의 여유를 두고 미리 교체해야 하기 때문에 어느 정도의 비용을 들여 어떤 자재를 쓸 건지, 직접 할 건지 아니면 전문가에게 맡길 건지 등을 결정해야 합니다.

벽과 바닥의 정리

벽 　도배지는 소폭 합지와 광폭 합지, 실크 벽지로 구분됩니다. 전셋집 인테리어에 관한 책이니 수입 벽지는 제외하겠습니다. 소폭 합지와 광폭 합지는 합지라는 단어에서 알 수 있듯이 종이 벽지입니다. 소폭은 약 53센티미터, 광폭은 약 93센티미터, 실크 벽지는 대체로 106센티미터가량의 너비입니다.

폭이 넓을수록 이음매가 적어 깔끔합니다. 실크 벽지의 경우는 컬러와 재질이 다양하고 PVC 코팅이 되어 오염과 충격에 비교적 강하고 고급스럽습니다. 단, 그만큼 비싸기 때문에 내 집이라면 몰라도 전셋집에는 합지를 추천합니다. 소폭 합지는 폭이 좁은 만큼 도배를 했을 때 연결 부위가 많이 생기고 광폭 합지에 비해 다양하지 않아 선택의 폭이 좁지만 굳이 화려한 패턴의 벽지를 고집하지 않는다면 포인트 벽지나 시트지, 페인트칠로 개성을 표현하기에도 좋고 벽지를 직접 바르는 경우에도 초보자가 작업하기에 부담이 없습니다. 그리고 일단, 싸잖아요.

도배 이외에 페인트로 벽을 정리하는 방법이 있습니다. 정석은 벽지를 벗겨내고 칠하는 것이지만 벽지 위에 젯소로 밑칠하고 벽지용 페인트를 바르기도 합니다. 실크 벽지의 경우 겉면을 얇게 벗겨내면 뽀송뽀송한 속지가 나오는데 그 위에 페인트칠을 하는 방법도 있습니다. 페인트는 조색하기에 따라 다양한 컬러를 만들어낼 수 있기 때문에 어디에서도 볼 수 없는 자신만의 개성 있는 공간을 표현할 수 있겠지요. 예산은 직접 칠한다면 페인트가 단연, 저렴합니다.

벽의 컬러나 무늬를 선택하기 어렵다면 일단 페인트건 도배건 기본적으로 민무늬의 화이트 계열이나 연한 아이보리, 연그레이, 연베이지 등을 추천합니다. 가구점이나 갤러리, 또는 인테리어 잡지를 펼쳐보세요. 대부분의 벽은 흰색 계열일 겁니다. 자칫 밋밋해 보이지 않을까 하는 걱정은 가구와 조명이 들어오면 사라집니다. 그리고 취향에 따라 원하는 페인트칠이나 포인트 벽지, 시트지 등으로 벽의 한두 면에 개성을 주는 방식을 선택한다면 충동적으로 결정한 화려한 도배지에 집 전체가 압도당하는 일은 없을 겁니다.

바닥 가장 부담 없이 사용할 수 있는 소재는 역시 장판입니다. 충격에 약해 찍히거나 심하면 찢어질 수도 있고 벽과 맞닿은 면에 꺾어 올려 마무리하는 특성상 싼 티가 조금 난다는 단점이 있지만 다른 소재에 비해 쿠션감도 있고 요즘엔 무늬나 질감이 자연스러워 잘만 고르면 전셋집에서는 안전한 선택이 될 수 있습니다.

데코타일은 마루처럼 성형된 PVC 타일을 바닥에 붙이는 방식으로 장판보다는 다소 비싸지만 이음매나 표면의 질감이 자연스럽고 충격에 강하다는 장점이 있습니다. 단, 접착제를 사용하므로 민감한 어린아이가 있다면 고려해보는 게 좋습니다.

전셋집에는 장판이나 데코타일 정도가 무난합니다. 그 외 다른 바닥재에는 어떤 것들이 있는지 미리 알아보면 나중에 내 집 사서 이사 갈 때 많은 도움이 되겠지요.

강화마루는 목재를 미세하게 분쇄해 접착제로 압축한 HDF에 멜라닌 필름을 씌워 마루로 성형한 것으로 바닥에 방수포 등을 깔고 옆면의 클립에 횡으로 결합하는 방식입니다. 고급스럽긴 한데 바닥에 붙이는 방식이 아닌 뜬구조 방식이라 공기층이 형성되어 바닥 난방의 열이 마루까지 충분히 전달되지 않을 수도 있고 층간 소음이 발생할 우려가 있습니다. HDF 자체가 습기에 취약해 장기적인 수분 노출이나 다습한 환경에는 사용하지 않는 게 좋습니다.

강마루는 HDF 대신 원목을 얇게 켜 접착시킨 합판 위에 멜라닌 필름을 입히고 뜬구조가 아닌 바닥에 밀착 시공하는 방식으로 열전도율을 높이고 쿵쿵거림이 없도록 해 강화마루의 단점을 보완한 소재입니다. 강화마루보다 약간 비쌉니다.

그 외에 합판 위에 천연 무늬목을 입힌 온돌마루(합판마루)와 원목 자체를 접착 시공하는 원목마루가 있습니다. 천연목 자체의 자연스러운 질감이 멋지긴 한데 충격에 약하기도 하고 일단 가격들이 허거걱이라 전셋집에서 넘볼 아이들은 아닙니다.

고가의 바닥재라고 무조건 좋은 건 아닙니다. 바닥재란 결국 원목마루를 흉내 낸 것인데 원목마루에 가까울수록 충격과 습기에 약하고 세심한 주의가 필요합니다. 습도 높은 반지하와 기어 다니는 아기나 뛰어다니는 아이, 뜨끈한 아랫목을 좋아하는 할머니가 있는 집이라면 가장 싼 장판이 어쩌면 최상의 바닥재일 수도 있다는 것이지요.

김반장의 Tip

돌돌 말려 있는 장판, 조각난 타일이나 마루의 샘플을 보고 전체적으로 깔고 난 후의 모습을 유추하는 건 쉽지 않습니다. 그러므로 매장에서 샘플만 보고 결정하기보다는 흉내 내고 싶은 집의 바닥을 찾아보고 이미지를 스크랩하거나 사진을 찍어 비슷한 디자인을 고르는 방법이 좋습니다.
특히 바닥재를 교체할 때 간과하기 쉬운 굽도리(걸레받이)는 바닥과 벽의 깔끔한 경계와 자연스러운 흐름을 위해 소재와 컬러의 선택에 신중을 기하는 편이 좋습니다.

도배, 직접 할까? 동네 인테리어 가게에 맡길까?
아님 을지로 자재 거리의 벽지 가게가 싸다는데?

소폭 합지 정도의 도배라면 여성이나 초보자도 어렵지 않게 할 수 있는 수준입니다. 광폭 합지나 장판, 데코타일을 직접 시공하시는 분들도 많고요. 당연히 인건비를 절감할 수 있어 가장 저렴한 방법입니다.

동네 인테리어 가게와 을지로 벽지 가게에 도배와 장판을 맡겼을 때의 차이는 크게 자재의 종류와 가격에 있습니다. 을지로에는 아무래도 관련 업종이 밀집해 있어 종류가 다양하고 선택의 폭이 넓으며 유통 마진을 줄여 가격이 저렴한 편입니다. 특히 고가의 바닥재일수록, 시공 면적이 넓을수록 가격차는 커집니다. 각 공간의 가로, 세로 길이와 높이를 재서 가면 다양한 자재에 따른 필요량을 뽑아주기도 하고 인건비를 포함한 견적을 산출해주기도 합니다.

신 혼 집 이 라 면 ?

만약 신혼집이라면 도배가 완료되는 시점이 바로 집에 어울리는 살림을 구매하기에 가장 적합한 때이겠네요.

가구와 가전제품 등의 비싸고 커다란 살림부터 침구, 커튼, 주방용품이나 욕실용품 등의 자잘한 살림살이까지….

저희 집도 신혼 때부터 가지고 있던 살림을 그대로 옮겨온 만큼 지금의 인테리어가 첫 살림에 영향을 받을 수밖에 없듯이 신혼에 처음 구매하는 살림은 향후 인테리어나 라이프스타일에 지대한 영향을 미칠 수밖에 없습니다.

특히 가구 구매에 있어서도 가장 중요한 건 콘셉트와 조화입니다.

유행 따라 구입한 꽃무늬 혼수 가전제품이나 고가의 묵직한 TV장, 옷장, 식탁, 책장 등등에 콘셉트와 조화를 고려하지 않은 가죽 침대나 소파 세트 같은 살림들은 아주 오랫동안 따라다니는 혼수라 버리기엔 아깝고 쓰자니 거슬리는 애물단지로 전락해버리는 경우가 비일비재합니다. 제대로 디자인되고 만들어진 가구와 조명 같은 살림은 잘만 선택하고 관리하면 시대를 초월해서 가치를 발한다는 걸 늘 염두에 두고 반드시 원하는 콘셉트와 조화를 생각해서 선택해야 합니다.

더불어 오랫동안 쓸 살림과 단기간 쓸 살림을 구분해서 전자의 경우는 예산이 허용하는 선에서 어느 정도 투자할 필요가 있다고 봅니다.

약정 기간 2년 쓰고 갈아 치우는 휴대전화에도 100만 원을 들이는데 잘 고른 가구 하나가 평생 동안 거실 한편을 빛낸다는 걸 생각하면 말이죠.

이사하는 날

신혼집에서 두 번째 전셋집으로 이사하던 날의 모습입니다. 역시 포장이사가 좋긴 좋더군요. 깨끗이 포장해서 잘도 옮겨다 정리해줍니다. 일 잘하는 사람들 구경하는 것도 재밌더군요.

그런데 막상 가구를 실제로 옮겨놓다 보면 예상치 못한 일이 생기게 마련입니다. 작은방에 놓을 예정이던 책장의 프레임 부분이 딱 조명 스위치를 가려 거실로 이동하게 되거나 천장이 생각보다 낮아 신혼집에서 천장 높이까지 설치했던 장식장의 높이를 조절해야만 했습니다. 이사하기 전에 여기저기 치수도 재어보고 미리 가구 놓을 자리를 정해놓았는데도 이렇습니다. 실수를 이 정도로 줄였다는 걸로 위로 삼아야지요.
집주인이 나가고 같은 날 이사를 해야 했기에 집 자체에는 전혀 손을 대지 못한 상태에서 짐만 옮겼습니다.

포장이사라고는 하지만 진짜 정리는 첫날부터 시작이죠. 이사한 첫날의 풍경은 이렇듯 어수선합니다.
마음에 들지 않는 벽과 몰딩을 정리하고, 문짝도 한두 개 리폼하고, 주방 벽의 낡고 차가운 느낌의 타일도 다른 타일이나 시트지로 바꿔야겠네요.
아무래도 쓰던 가구와 소품을 그대로 옮겨온 만큼 신혼집의 인테리어 느낌이 많이 남아 있어 조명이나 소품, 쿠션, 러그 등을 이용해 분위기 변화도 주고 싶습니다. 집이 하나하나 변해가는 모습은 지금부터 자세히 보여드리겠습니다.

인테리어의 시작,
정리와 수리

바닥과 벽만 정리해도 인테리어의 반은 끝났다고 볼 수 있다. 집이라는 그림을 완성할 하얀
도화지가 마련된 셈이니까. 합리적인 비용으로 내가 원하는 스타일을 살현할 수 있는
정리와 수리 방법을 소개한다.

바닥과 벽 정리가 첫 번째!

집을 하나의 세계라고 볼 때 바닥과 벽은 어떻게 보면 땅과 하늘, 또는 우리 집이라는 그림을 그릴 도화지입니다.

콘셉트에 맞는 바닥과 벽을 이삿짐이 들어가기 전에 마무리해놓는 게 실질적인 인테리어의 시작입니다. 이때 창틀이나 문틀, 몰딩도 함께 정리해주는 게 좋죠.

저는 내추럴한 스타일을 좋아해 자연스러운 나무 무늬 바닥에 화이트 계열의 민무늬 벽을 선호하는데 바닥은 장판이라 아쉽지만 마루 무늬여서 그럭저럭 넘어갈까도 싶은 반면 벽은 샤방한 꽃무늬 패턴의 실크 벽지네요. 내추럴 콘셉트와 정면 승부해야 할 벽지군요.

이사 가기 전 하루라도 집이 비어 있으면 도배든 페인트칠이든 먼저 하는 게 순서인데 집주인이 나가는 날 바로 들어가야 하는 관계로 일단 이사부터 한 후 요리조리 옮기면서 해야 했습니다.

집주인이나 전 세입자가 나가는 날 바로 이사를 들어가야 한다면, 이사부터 한 후 이것저것 손을 봐야 한다. 일단 모든 짐은 가운데로 모으고 정리와 수리 시작!

이사를 오기 전에 바닥과 벽을 정리하면 정말 좋겠습니다만 이삿날에야 잔금이 오가고 집을 비워주는 사회통념상 그냥 이사해야 하는 경우가 많습니다.

에라! 어쩔 수 없죠. 이런 경우 집 전부를 한꺼번에 수리하려는 건 무리입니다. 가장 큰 공간부터 시작해서 차례차례 짐을 옮겨가며 정리와 수리를 해나가는 게 좋습니다. 거실과 주방, 방 등 공간 단위로 진행하는 게 순서입니다.

옮기고, 칠하고, 말리고, 또 칠하고 하다 보면 집 전체에 발 디딜 틈도 없어 베란다에서 자야 할지도 몰라요.

정리를 시작하려면 일단 모든 짐은 가운데로 모으세요.

전셋집이라 어쩔 수 없이 바닥과 벽만 손 보기로 합니다. 구조 변경, 붙박이장 뭐 이런 건 없는 겁니다.

내 집 같으면 확 마루로 깔아버리겠습니다만 전셋집에 그러기엔 미쳤다고 손가락질 받기 십상입니다. 남의 집이라도 내가 사는 동안 할 건 해야 한다는 게 제 신조이지만 마루는 정말 오버죠.

기존의 장판을 다른 장판으로 바꿀까도 생각했는데 이것도 참, 딱 견딜 만큼만 거슬려요. 노란 장판이면 냅다 갈아버리겠는데 말이죠. 한참을 고민하다 그냥 두기로 했습니다. 장판 바꾸는 비용이면 괜찮은 티 테이블 하나 살 수 있으니까요. 모든 문제에는 비용 대비 가장 효율적인 방향의 선택이 필요합니다.

'어차피 조금 지나면 아이도 태어날 예정이니, 매트며 이것저것 깔 테고 아니면 러그를 깔지 뭐!' 하며 과감히 장판 교체는 포기했습니다.

벽은 무조건 바꿉니다만 기존의 벽지가 실크 벽지라 겉지만 뜯어내고 한번 페인트를 칠해보기로 했습니다. 이건 처음 하는 시도라 결과를 장담할 수 없기 때문에 실패하면 바로 도배를 하기로 했습니다.

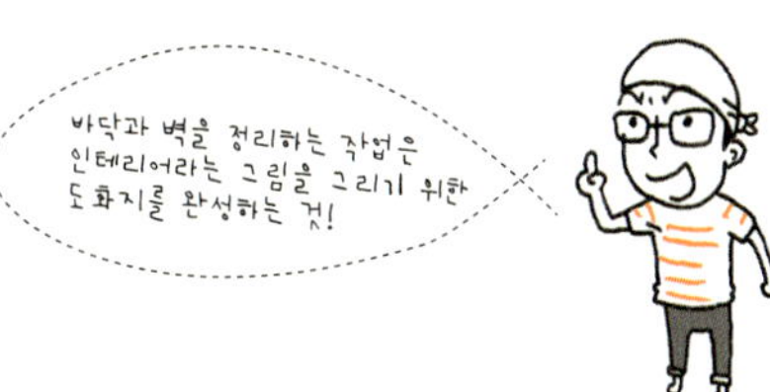

/ 벽지와 굽도리 테이프 떼어내기

1. 장판은 보통 거실과 주방은 바닥에 딱 맞춰 재단한 후 굽도리 테이프로 돌리고, 방들은 좀 더 여유 있게 잘라 벽까지 타고 올라간 형태로 마무리되어 있습니다. 장판을 교체하지 않는 만큼 거실과 주방이라도 좀 더 쌀끔한 느낌으로 마감하기 위해 일단 굽도리 테이프를 떼어냅니다.

2. 벽지를 페인트칠하는 데 불편한 것들은 미리 벽에서 떼어냅니다. 마스킹 테이프로 보호해주는 방법도 있는데 가능하면 떼어냈다 칠한 후 다시 붙이는 게 가장 깔끔합니다.

3. 좌~악. 화상 입은 등껍질 벗겨내듯이 과감하면서도 조심스럽게 실크 벽지의 겉지를 뜯어냅니다. 뽀얀 속살을 드러내며 의외로 겉지가 잘 벗겨집니다.

4. 왼쪽은 벗긴 후, 오른쪽은 벗기기 전 모습입니다.

5. 겉지만 떼어냈는데도 이 정도 아수라장.

6. 벽지와 굽도리 테이프까지 모두 벗겨냈습니다.

인테리어에 중요한 역할을 하는 몰딩

몰딩이라는 건 건물 내부의 모서리, 가장자리 등에 주로 미관상 설치한 띠 형태의 마감재입니다. 천장과 벽이 만나는 모서리에 둘러져 있는데 이 모서리가 완벽히 일직선으로 만들어지기도 어렵고 보통 주택의 경우 천장과 벽의 마감이 다르기 때문에 이 부분을 자연스럽게 만나게 해주는 게 몰딩의 역할입니다.

즉, 단점을 가려주고 실내에 고급스러운 분위기를 연출하는 게 목적입니다. 그런데 많은 집들에 체리색이나 짙은 갈색의 필름으로 마감된 몰딩이 설치되어 있어 오히려 집을 칙칙하게 만들고, 천장을 낮아 보이게 해 공간을 더욱 좁아 보이게 합니다.

몰딩 하나가 집 전체의 인테리어에 얼마나 영향을 미치겠냐고 생각하는 분들도 있으시겠지만, 이런 몰딩은 거실이며 주방, 방까지 모든 공간에 둘러져 있기 때문에 집의 분위기를 생각보다 많이 좌우합니다.

흰색으로 칠하는 경우 체리색이었을 때는 눈에 잘 안 띄던 못 자국이나 이음매 자국이 보이는 단점이 있지만(아마 이런 이유 때문에 인테리어 업자들이 흰색 몰딩을 피하는 거겠죠?) 그럼에도 불구하고 특별한 이유가 없는 한 흰색으로 칠하는 편이 좋습니다. 집도 더 넓어 보이고 좀 더 다양한 인테리어 콘셉트와 어우러질 수 있으니까요.

몰딩이 지나치게 매력적이거나 훌륭한 인테리어 포인트 역할을 한다면 물론 예외겠지요.

/ 몰딩에 페인트칠하기

1. 큰 틈이나 못 자국 등은 칠하기 전 메꿈이로 스윽 메워줍니다.

2. 페인트가 닿으면 안 되는 천장 쪽은 마스킹 테이프를 붙이고 강력 젯소를 1차로 칠한 후 흰색 수성 페인트로 한두 번 더 칠하면 됩니다.

3. 몰딩을 칠하기 전과 비교되는 모습이죠. 자, 이제 쾌감 가득한 마스킹 테이프 떼어내기.

저렴한 비용으로 완성하는 벽

꽃무늬 실크 벽지의 겉지만 제거
하고 아이보리 페인트로 칠했더
니, 깔끔하고 따뜻한 느낌의 벽면
이 완성되었다.

실크 벽지의 겉지를 뜯어내고 속지에 페인트칠을 하는 건 정공법은 아닙니다.

실크 벽지는 PVC로 얇게 코팅되어 내구성도 있고 약간의 오염은 곧바로 닦아내면 전혀 문제
가 없는데, 이 방법은 겉지와 속지를 분리해 종이보풀이 일어나 있는 거친 면에 페인트칠을
하는 것인 만큼 험하게 다루면 일반 벽지처럼 찢어지거나 쉽게 때를 탈 수도 있거든요. 그러
니 자기 집이거나 오래 쓰실 경우, 아이들이 있는 경우는 관리상 도배가 나을 수 있습니다.

반면 이 경우 기존의 못 자국이나 작은 스크래치 정도는 종이테이프로 살짝 가린 후 칠하면
눈에 잘 안 띄고, 때가 타거나 색이 바랜 곳은 덧칠하면 손쉽게 감쪽같이 보수할 수 있는 장
점도 있지요. 벽지 값의 10분의 1도 들지 않는 저렴한 비용도 매력적이구요.

게다가 벽지 위에 페인트를 바를 땐 벽지의 양감이 드러나거나 바탕색과 무늬가 비쳐서 두세
번 이상은 칠해줘야 하는데 이 방법은 한 번만 칠해도 제대로 색이 나오는 것도 장점입니다.

만약 벽지 위에 그대로 페인트를 칠할 때는 가구나 몰딩에 칠하는 것처럼 젯소를 먼저 바른
후 그 위에 벽지용 페인트를 발라주는 게 좋습니다.

전체적으로 페인트칠하고 나서 벽지가 쭈글쭈글 울어서 깜짝 놀랐는데 기억을 거슬러 올라
가보면 옛날 국민학교 시절 행글라이더 만들기에서 날개가 쭈글쭈글할 때 분무기로 물을 뿌
리면 마르면서 팽팽해지는 기억이 나더라고요.

'정 안 되면 도배사를 부르지 뭐…' 하고 마음 편히 마를 때까지 기다렸더니 역시나 팽팽하게
잘 펴졌습니다. 역시 피부나 벽지나 수분 공급이 중요하군요. 헛헛~

1. 페인트 색상은 약간의 오염 정도는 크게 티가 나지 않는 아이보리색. 롤러로 칠하기 어려운 곳들은 먼저 붓으로 칠해줍니다.

2. 넓은 면적은 롤러로 칠합니다. 아내가 도와줘서 빨리 끝났습니다. 역시 DIY는 가족이 함께!

3. 주방 쪽 거실도 몰딩과 벽에 페인트칠하기.

4. 처음엔 쭈글쭈글하지만 마르면서 팽팽해집니다.

바닥과 벽 정리의 마침표, 굽도리

굽도리도 몰딩과 비슷한 역할을 합니다. 몰딩이 천장과 벽의 완충 역할을 한다면 굽도리는 벽과 바닥의 완충 역할을 하지요. 거기에 바닥과 닿은 벽의 오염을 방지해주는 역할도 해주기에 걸레받이라고도 불립니다.

바닥의 마감재에 따라 재료와 시공 방법이 다른데 바닥을 마루로 할 경우에는 굽도리용으로 나온 패널을, 장판이나 데코타일로 할 경우에는 스티커형 굽도리 테이프를 둘러줍니다.

장판의 경우 거실에는 굽도리 테이프를 둘러주고 방에는 장판을 조금 여유 있게 재단해 꺾어 올려주는 방법이 일반적입니다.

짐작할 수 있듯이 저렴한 바닥재일수록 간략하게 합니다. 역시 가장 고급스러워 보이는 방법은 패널 마감입니다. 그러므로 데코타일과 장판을 시공한 다음 패널로 굽도리를 돌리면 벽과 바닥의 경계를 훨씬 깔끔하게 마감할 수 있습니다. 단, 주의할 점은 패널의 두께가 너무 두꺼울 경우 벽에 붙이는 가구가 패널 두께만큼 벽에서 뜰 수 있다는 것을 감안해야 합니다.

바닥과 벽을 정리하는 것은 화장으로 치면 베이스라고 생각하면 됩니다. 베이스 화장을 했다고 크게 달라지진 않지만, 베이스 없이 주근깨, 기미, 검버섯 다 드러내놓고 색조 화장 아무리 해봤자 예뻐 보이지 않듯(응? 내가 이걸 어떻게 알지?), 벽과 바닥을 정리하는 이 과정은 인테리어에서 반드시 필요한 과정입니다. 간혹 왜 우리 집도 당신 집처럼 선반 달았는데 느낌이 안 사느냐, 왜 같은 가구를 들였는데 가구점이나 홈페이지에서 볼 때처럼 멋지지 않느냐고 항의(?)하는 분들이 있는데 바로 이 베이스의 차이라 할 수 있습니다(물론 사진발, 조명발, 보정발, 소품발 등등도 그 뒤를 당당히 따르겠지만요).

동네 목공소에서 재단한 패널로 굽도리를 완성한 모습. 비닐 재질의 굽도리 테이프를 두르는 것보다 한결 깔끔하고 정돈된 분위기를 연출할 수 있다.

/ 굽도리 패널 붙이기

1. 굽도리 테이프 대신 마루의 마감처럼 패널을 만들어 둘러주기로 했습니다. 동네 목공소에서 MDF 6mm를 폭 8cm로 재단해왔습니다.

2. 몰딩과 비슷한 역할을 하므로 몰딩과 같은 색으로 칠하는 게 가장 깔끔합니다.

3. 힘을 크게 받는 부분이 아니니 접착은 실리콘으로 했습니다. 원래는 타카로 짱짱하게 연결해야 하는데 2~4년 정도의 전세 기간만 버티면 되기도 하고, 다음에 이사 올 사람들이 벽이나 바닥 공사를 할 때 쉽게 떼어 낼 수 있도록 배려한 것입니다.

4. 턱 붙입니다. 이런 식으로 굽도리를 돌리는 건 장판이 아닌 마루를 깔았을 때의 방법인데 장판이 워낙 별로라 조금이라도 마루 느낌을 내보고자 시도해봤습니다. 확실히 뭔가 더 깔끔하게 정돈된 분위기가 납니다.

5. 주방 쪽 거실은 모서리와 문이 많다 보니 크고 작은 굽도리가 많이 필요합니다.

6. 적당한 크기와 모양으로 잘라서 딱 맞는지 확인한 다음 붙입니다.

7. 순서와 위아래가 헷갈릴 수 있으니 뒷면에 번호를 써서 위아래와 위치를 구분해놓으면 작업하기 한결 수월하겠죠.

8. 주욱 칠하고 말린 후 뒷면에 쓰인 번호를 확인하며 붙입니다.

김반장이 추천하는
인테리어 핫 스트리트

쇼핑에만 핫 스트리트가 있나!
도배지부터 가구, 조명과 빈티지 소품까지
동네 인테리어 사장님뿐 아니라 스타일리스트,
디자이너도 즐겨 찾는 인테리어 핫 스트리트 세 곳!

이태원 앤티크 가구 거리

지하철 6호선 이태원역 4번 출구로 나와 사우디아라비아 대사관 앞까지 이르는 골목의 양옆에 늘어선 앤티크 가구 거리는 유행 따라 흉내 낸 것이 아닌 산 넘고 물 건너온 리얼 앤티크, 빈티지 아이템들을 만날 수 있는 곳이다.
북유럽 인테리어 이미지에서 종종 보이는 닳고 닳은 가죽 여행가방, 헌팅 트로피(동물 머리 박제), 오래전 유럽의 공장에서 사용했던 인더스트리얼 조명과 의자들을 직접 만날 수 있다. 다만 집으로 데려오기엔 확실히 가격이 부담스럽긴 하다.

이 낡은 것들이 과연 현지에서는 얼마에 거래될까 궁금증이 들기도 하지만 직접 유럽에 가서 한 컨테이너 물량이라도 들여올 심산이 아니라면 태클은 무의미하다.
그 어렵게 구한 레어함이 바로 리얼 빈티지의 가치이니까.
직접 구입으로 연결되기보다는 눈으로 확인한 빈티지한 스타일을 리폼에 적용하곤 한다. 80만 원짜리 지엘드 램프와 70만 원짜리 낡은 철제 바 의자를 덜컥 구입하고 싶은 욕망을 지그시 누르며….

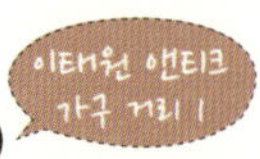

안도(www.ando.or.kr)

홍대 aA와 더불어 김반장이 가장 좋아하는 빈티지 숍. 사람을 꺼리는 듯한 입구 분위기에 굴하지 않고 들어가면, 마치 유럽의 제대로 된 빈티지 숍에 온 느낌이다.

| 서울 용산구 이태원동 96-35. 02-2231-7203 |

아델(www.adel.kr) 

프랑스에서 시공을 초월해 넘어온 지엘드 램프를 포함한 인더스트리얼 조명과 가구들을 만날 수 있다.

| 서울 용산구 이태원동 99-4. 02-795-7096 |

대유 물물

런던 신혼여행에서 하얀 가스오븐레인지를 보고 부러움에 감탄을 금치 못했는데 이태원에서 만날 수 있었다. 실용성이나 세련미만을 자랑하는 주방 기구 대신 이런 청순한 오븐 하나 놓으면 얼마나 설렐까. 의외로 착한 가격의 수입 오븐레인지와 냉장고, 세탁기, 건조기를 판매하거나 수리한다.

| 서울 용산구 이태원동 17-19. 02-794-7788 |

논현동 가구 거리

지하철 7호선 논현역과 학동역 사이 길을 중심으로 자리한 가구 거리이다.
고가의 수입 가구와 고급 자재들을 만날 수 있는 곳!
혼수를 준비하는 신혼부부나 돈 좀 있는 싱글로 코스프레하고 구경해보자.
300만 원짜리 소파나 2000만 원짜리 키친 시스템을 상담받더라도 납득이 간다는
듯 고개를 끄덕일 정도의 연기력만 있으면 오케이!
전셋집 인테리어와는 거리가 있다고 생각할지 모르지만 최신 트렌드에 맞게 제대
로 디스플레이되어 있으니 눈높이를 높여 집에 분위기를 적용해보거나 하나 둘 괜
찮은 가구를 욕심내 보는 계기로 삼자. 언제까지 전셋집에서 이케아 가구만 찾을
순 없지 않는가. 때로는 양질의 물건을 세일 가격에 건질 수도 있다.

인디테일(www.indetail.co.kr**)**

지하의 가리모쿠60 가구들을 비롯해 다양한 수입 가구, 디자인 가구, 조명과 월데
코 등의 소품을 만날 수 있다.

| 서울 서초구 잠원동 41-11. 02-542-0244 |

패브 디자인 숍(www.fabdesign.co.kr) ·
꽃병, 램프, 월 오브제, 액자 등 공간에 재미를 주는 인테리어 소품 숍이다.
| 서울 강남구 논현동 112-15. 02-571-8060 |

퍼니매스(www.furnimass.com)

부담스럽게 직원이 졸졸 따라다니는 다른 매장과는 달리 편하게 둘러볼 수 있는
창고형 매장이다.

사진 속 덴마크 디자이너 핀 율(Finn Juhl)의 치프테인 체어와 같이 쉽게 접하기 힘
든 고가의 디자인 소파와 의자들을 리프로덕트나 이미테이션 제품으로 부담을 줄
인 가격에 직접 앉아보고 고를 수 있다

| 서울 강남구 논현동 126-5 B1. 02-2214-0481 |

°을지로 인테리어 자재 거리

을지로 2가에서 4가를 중심으로 넓게는 청계천 주변과 방산시장에 이르기까지 광범위하게 들어선 각종 인테리어 자재 업체와 크고 작은 가구, 조명 등의 상점이 들어선 곳이다.

논현동이나 이태원에서 입이 떡 벌어질 만한 고가의 제품을 보다 이곳에 오면 '비슷한 디자인 같은데 이렇게 싸나?' 하고 깜짝 놀라 지름신이 급강림하게 되는 경우가 왕왕 발생하는데 대부분이 중국산 리프로덕트이거나 이미테이션 제품이다. 오리지널에 대한 프라이드와 디자인 도용에 대한 꺼림칙함은 잠시 묻어둔 채 외국의 인테리어 잡지에서나 보던 고가의 디자인 가구와 흡사한 것들을 구입할 수 있다는 건 뿌리치기 힘든 유혹이다.

때론 가게 구석에서 먼지가 뿌옇게 쌓여 있는 산업용 조명과 철물에서 인더스트리얼 인테리어에 제격인 아이템들을 발견할 수도 있다.

각종 공구를 비롯해 벽지와 타일, 도기, 철물, 목재 등의 자재를 저렴한 가격에 구입할 수 있고 시공 또한 의뢰할 수 있어 관심 갖고 발품을 팔 각오가 되어 있다면 과감히 도전해보자.

인근의 황학동 벼룩시장에서는 먼지 쌓인 오래된 타자기나 구형 카메라, 라디오 등의 빈티지 소품을 구입할 수 있으니 보물찾기하는 마음으로 들러볼 것. 현금으로 지불할 때 흥정은 필수!

룩스 조명(www.luxmall.co.kr)

주방의 식탁등과 싱크대 조명, 베란다 벽등을 구입하기에 좋은 곳이다.

대형 매장을 갖춘 강일조명과 나란히 붙어 있다.

가정용 조명보다는 상업 공간에 이용하는 조명이나 재료를 구입해 리폼해도 좋다.

| 서울 중구 을지로5가 270-1 2층. 02-2269-9981 |

MOO (www.moo21.co.kr) 을지로 자재 거리 2

을지로에 자리한 가구 매장 중 손꼽히는 디스플레이를 보여주는 곳이다.
수입 가구에서부터 리프로덕트 가구와 조명, 레어한 오브제까지 한눈에 볼 수 있다.
| 서울 중구 예관동 19-1. 02-2263-6993 |

친절한 벽지

간판 그대로 친절한 상담을 받을 수 있는 벽지 가게.

벽지와 바닥재 등에 관한 상담과 재료비, 인건비를 포함한 견적을 뽑아볼 수 있다.

| 서울 중구 을지로4가 187-7. 02-2268-0891 |

PART 3

전 셋 집

리폼과 꾸미기

작은 변화로
큰 효과 보는 리폼

<<<<<<<<<<<<<<<<<<<<<<<<<<<<<

흔히 인테리어라고 하면 떠올리게 되는 구조 변경, 싱크대 교체, 욕실 올 수리,
붙박이장 설치 및 문짝 교체, 조명 공사 등의 거창한 시공 없이 간단하고 저렴한 셀프 작업만으로
전체적인 변화를 이끌어낼 수 있는 노하우를 소개한다.

Recycle
FINN

페인트칠과 손잡이 교체, 레터링 스티커를 붙여 완성한 중문. 기존의 오래된 손잡이를 모던한 스타일로 교체해보았다. 이사 갈 때는 다시 기존 손잡이로 교체하고 구입한 손잡이는 다음 집으로 가져갈 수 있다.

문 리폼하기

전셋집에서 집 자체에 가장 큰 변화를 줄 수 있는 곳 중 하나는 바로 문입니다.
바닥이나 벽, 몰딩을 흰색 계열로 통일해 깔끔하게 밑바탕을 정리했다면, 문에는 과감하게 개성을 입히는 것도 좋지요.
원목의 결이 그대로 드러나 있는 문이나 새 문이라면 손대고 난 후 원상복구가 어려우므로 집주인과 사전에 상의하는 등 신중히 결정해야 하지만 페인트칠이 된 문이라면 이미 누군가의 손길을 거친 상태라고 판단할 수 있고, 원상태로 돌릴 수도 있으니 리폼의 가능성은 활짝 열려 있습니다.

손잡이 교체하기

손잡이의 분해와 조립은 문 리폼의 기본 중 기본입니다. 페인트칠할 때 손잡이를 커버링테이프로 보호해주기도 하지만 가장 깔끔한 방법은 분해 후 칠을 하고 재조립하는 방법입니다. 또한 가구에 어떤 손잡이를 다느냐에 따라 가구의 느낌이 달라지듯 문에 어떤 손잡이를 다느냐에 따라 문짝을 포함해 문 주변의 풍경이 크게 달라집니다. 마치 잘 고른 작은 귀걸이 하나가 여성의 분위기를 바꾸듯 말이죠.

/ 기존 손잡이 분해하기

1. 먼저 기존의 손잡이를 분리해야죠. 잠금 버튼이 있는 안쪽 손잡이를 살짝 돌리면서 목 부분의 구멍을 잘 살펴보면 어느 순간 미끈한 면 사이로 눌러보고 싶은 부분이 엿보입니다. 그 구멍 틈새를 작은 드라이버 등 날카로운 물건으로 꾸욱 누른 채

2. 손잡이를 살살 흔들어 잡아당기면 너무 쉽게 쏘~옥 빠집니다.

3. 그다음 문짝과 맞닿아 있는 접시처럼 생긴 부분을 잡고 시계 반대 방향으로 돌려 빼주세요.

4. 그 안에 나사로 접합된 고정부를 풀어준 후 반대편 손잡이 쪽을 잡아당기면 손잡이 뭉치가 모두 분해됩니다. 다음으로 문짝을 문틀에 잡아주는 역할을 하는 래치볼트의 나사를 빼서 문짝과 분리합니다.

5. 손에 쥔 게 래치볼트입니다. 스프링이 있어 쑤욱 들어갈 수 있는 부분을 엄지로 잡고 살짝 누르면 T자 모양의 철물이 쑤욱 나옵니다. 다시 결합할 때는 그 부분을 손잡이 몸체의 ㄷ자 부분에 끼워야 합니다. (사진에는 ㅁ자로 보일 수 있지만 자세히 보면 ㄷ자로 뚫려 있어요.)

6. 제대로 물린 모습입니다. 이제 손잡이 부분을 돌리면 래치볼트의 스위치 부분이 들어갔다 나왔다하죠. 문 손잡이라는 건 이런 구조더군요. 늘 그렇듯 조립은 분해의 역순이구요.

/ 새 손잡이 결합하기

1. 이번엔 조립을 해야죠. 먼저 래치볼트를 문짝에 고정해야 해요.

2. 팔 부분을 몸체에서 빼냅니다.

3. 문짝에 끼웁니다. 문을 페인트칠할 경우 먼저 페인트칠을 한 후 조립해야겠죠? 엄지손가락 바로 옆에 조그만 구멍이 돌출되어 있는데 저 부분이 잠금 장치를 설치하는 곳이니 안쪽을 향하게 해야 합니다.

4. 몸체에서 빼놓은 팔 부분을 다시 끼웁니다.

5. 덮개를 나사로 고정합니다. 파란 비닐은 조립이 끝난 후 벗깁니다.

6. 이 손잡이는 기존의 손잡이보다 조립이 간단하네요. 잠금 장치를 설치할 구멍이 있는 부분을 안쪽으로 향하게 하는 것만 주의하고 앞뒤로 손잡이를 맞춰서 볼트로 고정합니다. 조그만 핀을 구멍에 맞춰 끼워넣고 돌려서 고정하면 조립 완성.

손잡이 교체에는 기술적인 면이 필요해 좀 자세히 설명하느라 번잡한 듯 보이지만 사실 하나 분해하고 조립해보면 다음부터는 10분 정도밖에 안 걸립니다. 집 안 손잡이 다섯 개를 모두 교체하는데 땀 한 방울 안 흘리고 한 시간도 안 걸렸으니까요. 기존의 손잡이는 잘 보관해두었다 이사 갈 때 원래대로 해놓고 구입한 손잡이는 가져가 다시 사용하면 전셋집 손잡이를 왜 교체하느냐는 핀잔은 좀 줄일 수 있겠죠?

왼쪽은 분해해놓은 기존의 손잡이고 오른쪽이 교체할 손잡이입니다. 래치볼트나 구조가 조금 다른데 대분의 손잡이는 크게 이 두 가지 형태라고 생각하면 됩니다.

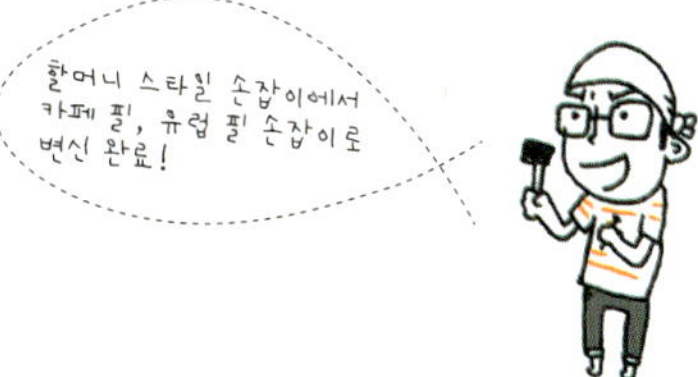

페인트칠로 문 리폼하기

문을 리폼하는 가장 간단한 방법은 페인트칠입니다. 작은 평수의 집은 문을 흰색이나 아이보리색 페인트로 칠해 통일하는 것만으로도 집 전체가 깔끔하고 정돈되어 보이는 효과를 누릴 수 있으며, 한두 개 정도의 문은 다른 색을 칠해 포인트를 주는 것도 좋습니다.

/ 페인트 조색하기

페인트 컬러는 검은색이나 흰색 등 기성 색상으로 나와 있는 제품들도 있지만 선택의 폭을 넓히기 위해서는 직접 색상표를 보고 고르는 게 좋습니다. 웹상에서도 컬러를 고를 수 있지만 아무래도 컴퓨터는 모니터 색상마다 미묘한 차이가 있기 때문에 원하는 색감을 정확히 내고 싶은 욕심이라면 좀 움직여야죠. 조색기와 혼합기가 있는 페인트 가게에서라면 직접 색상표를 보고 색을 고른 후 용도에 맞는 페인트를 추천받을 수 있습니다. 1리터 페인트 한 통이면 문틀을 포함해 문을 두 개 정도 칠할 수 있습니다.

> > > > > > >
1. 자주 이용하는 삼화페인트.
2. 사장님이 만지고 있는 오른쪽 기계가 조색기, 그 왼쪽이 혼합기.
3. 다양한 색상표 샘플 중에서 원하는 색을 고른다.

저희 집은 구조상 안방문과 화장실문이 거의 붙어 있다시피 한데 채광이 충분한 위치가 아니
라 흰색의 문과 벽들이 깔끔하기보다는 왠지 흐리멍덩한 느낌이었습니다. '내 이 문짝 갈아
주고 만다!'며 확 문을 뚫어 창을 내줄까도 생각했지만 아내가 멱살을 잡고 뜯어말립니다. 전
셋집이라는 슬픈 한계에 맞닥뜨리는 순간. 그래서 선택한 방법이 안방문을 짙고 선명한 색으
로 칠해서 주변 벽, 화장실문과 확실한 색의 대비를 주는 것이었습니다.

문이나 벽을 어둡거나 짙은 색으로 칠하는 것에 대해 두려워하는 분들이 많습니다. 당장에
페인트 가게 사장님도 문에 칠할 거라며 색을 만들어달라고 하니 "이거 보기보다 진할 텐
데…"라고 몇 번을 재확인하셨지요. 프로방스풍 청색으로 칠했던 저희 신혼집 작은방 문이
나 칠판 페인트로 칠했던 상계동 친구집의 현관문을 떠올려보자면 문짝 한두 개 정도는 괜찮

습니다. 오히려 하얀 벽에 활기를 불어넣었던 기억이 납니다. 작은 공간이라고 무조건 새하얗게 남겨두는 건 재미없으니까요.

문을 열고 드나드는 것은 공간을 이동하는 행위입니다. 안방문을 열기 위해 다가가면 시야를 채우는 짙고 푸른 문. 손잡이를 돌려 문을 열면 늘 활기가 있는 거실과는 다르게 조용하고 편안한 안방. 아기 침대 위에 잠들어 있는 딸아이의 얼굴을 기대하며 문을 열고 닫는 극적인 변화가 좋아 가끔은 가슴이 두근거리기도 합니다.

/ 페인트칠하기

1. 최소 단위인 1리터 한 통을 조색해온 짙은 청색. 과감한 색상을 선택해보았습니다.

2. 처음 흰 바탕에 칠할 땐 '이거, 괜찮을까?' '색상이 너무 센 건 아닐까?' 걱정이 되기도 했쇼.

3. 돌아가기엔 너무 먼 강을 건너와 버렸습니다. 자신의 선택을 꾹 믿고 끝까지 가봅니다.

4. 포인트로 짙은 청색 문에 어울릴 액세서리를 골라봤습니다. 마켓엠 창고 오픈 때 구입해놓은 주물 병따개의 투박함이 무게감 있는 문에 어울릴 것 같아 선택했지요.

중문 리폼하기

> > > > > > >
페인트칠, 손잡이 교체, 타이
포그래피로 완성된 카페풍
중문.

페인트칠은 문 리폼의 기본이니 중문은 여기서 조금 더 나아가 앞서 소개한 것처럼 손잡이도
교체하고, 거기에 더해 유리도 교체하고, 타이포그래피도 넣어보기로 했습니다.
이 집에 이사 올 때 동향이라는 점과 개똥같은 주방 구조에도 불구하고 마음에 드는 것이 있
었으니 바로 여러 세입자들의 손을 거쳐 이미 페인트를 몇 번 덧칠한 듯한 하얀색의 문들, 그
중 특히 중문이었습니다. 겨울의 현관풍도 막아주고, 아기가 있으니 소음이나 안전 등 여러
모로 좋다고 생각했습니다.

다만 몰딩과 벽 정리를 끝내고 나니 바랜 화이트 빛깔의 중문이 더욱 우중충해 보였습니다.
거기다 주인아주머니가 심혈을 기울여 선택했다던 황금빛 손잡이가 유난히 반짝거렸지요.
불투명 유리는 그 너머 누가 서 있을까 음산하기까지 했습니다. 제 취향은 아니므로 리폼을
결심했지요.

129

/ 유리 교체하기

먼저 답답해 보이는 '불투명 유리'를 교체하기로 합니다. 카페처럼 망입 유리로 하고 싶었는데 직접 바꿔 끼는 데도 전셋집에는 좀 아까운 가격이군요. 망입 유리는 다음 기회로 미루고 투명 유리로 바꾸기로 결정했습니다. 두께가 여러 종류인데 기존의 유리 두께를 확인하고 유리 전문점을 찾는다면 비교적 저렴하게 재단해올 수 있습니다.

1. 리폼 중에 유리가 깨져 손을 다치기라도 하면 큰일이니 박스용 테이프를 주욱 붙이고 실리콘을 칼로 제거합니다.

2. 유리를 잡아주는 쫄대는 보통 쫄대못을 안쪽에서 바깥쪽 방향으로 박아 고정되어 있으니 반대로 쫄대의 튀어나온 부분을 바깥쪽에서 안쪽으로 망치로 톡톡 치면 분리할 수 있습니다. 유리를 교체하고 다시 쫄대를 고정하는 건 역순입니다.

3. 유리를 빼고 교체할 손잡이까지 빼놓으면 페인트칠할 준비 끝!

4. 중문에 사용할 페인트도 페인트 가게에 가서 직접 색상표를 보고 주색해왔습니다. 카페 필이랄까, 유럽 필이랄까, 런던 필이랄까 뭐 그런 느낌이라고 주장해봅니다.

5. 젯소를 칠하고 페인트를 두 번 더 칠한 상태입니다. 요맘때쯤이면 얼룩진 색깔에 마음까지 얼룩지는데, 이때 스스로를 잘 타일러야 합니다. 원하는 색이 나오면 바니시로 마감합니다.

6. 페인트칠이 끝나면 손잡이를 바꾸고 유리 가게에서 잘라온 투명한 유리를 분해의 역순으로 다시 달아 흔들리지 않게 고정합니다.

인테리어에 이용되는 타이포그래피는 원래 정보 제공이 목적이었습니다만 글자 자체가 가지고 있는 디자인적인 기능으로 그냥 예뻐서 사용하기도 합니다. 이왕이면 본연의 기능을 살려 정보를 제공하거나 신혼여행 때 머물렀던 호텔의 룸 넘버, 좋았던 여행의 항공편이나 이착륙 시간 등 개인적으로 의미 있는 단어를 조합해 개성을 드러낸다면 좋은 이야깃거리가 될 수 있겠지요. 'CAFE', 'COFFEE', 'HAPPY', '사랑' 같은 단어나 'SWEET HOME', 'I LOVE YOU' 같은 노골적인 문구는 좀 낯간지럽잖아요.

1. 유리 교체 후 허전해 보일 수 있는 투명 유리에 타이포그래피로 포인트를 줍니다. 레터링지 등을 준비해야 하는데 레터링지는 글자가 새겨진 판박이라고 생각하시면 됩니다.

2. 원하는 글자를 한 글자 한 글자 잘라냅니다. 글자 아래에 점선이 있는데 같이 잘라야 정렬하기 좋습니다.

3. 스카치테이프 위에 글자가 인쇄된 면의 반대쪽, 맨들맨들한 면 쪽으로 글자를 하나씩 배열해 붙입니다. 스카치테이프의 옆선에 맞춰 글자 밑의 점선을 나란히 이으면 글자가 정렬되겠죠.

4. 글자를 여기저기 배열해보면서 적당한 위치를 잡아준 후 레터링을 새길 유리의 뒷면에 종이테이프를 이용해 정확한 글자의 위치와 수평 등을 표시합니다.

5. 그 선에 맞춰 유리의 앞면에 준비해놓은 레터링을 잘 자리 잡아 고정합니다.

6. 어렸을 때 아무데나 판박이하다가 엄마한테 걸려 얻어맞은 원한을 성불하는 마음으로 숟가락에 실어 문질러줍니다. 물론 경험하신 분은 아시겠지만 손톱 끝이 최고입니다.

이렇게 이야기해놓고 기껏 제가 사용한 단어는 'WELCOME!'과 'WASH YOUR HANDS'
입니다.
친구들이 놀러 오면 대부분 손을 잘 씻지만 혹시 까먹는 녀석들을 위한 안내의 의미이자 저
도 가끔 잊을 때 상기시켜주기도 합니다. 비용이나 노력 대비 디자인적인 만족도가 상당히
높네요. 이것이 타이포그래피의 힘!
이렇게 카페 필, 유럽 필, 런던 필 중문이 완성되었습니다.
페인트칠도 아니고 이 정도로 막 리폼해도 되나 싶으시겠지만 이것도 주인이 뭐라 그러면 집
뺄 때 다시 원상태로 돌려놓으면 됩니다. 불투명 유리 재단해와 끼워주고 하얗게 칠해주면
되죠 뭐. 딱 해결할 수 있을 만큼만 사고칩니다. '근데 아마 그럴 일은 없을 거야~'라는 근거
없는 자신감도 동행하지요.

BEFORE

> > > > > > >
리폼하기 전 칙칙하고 음산한 분위기의
중문. 이대로 두었다면 오른쪽 사진 같
은 분위기는 낼 수 없었을 것이다.

중 문 너 머 바 라 본 풍 경

볕 좋은 휴일 오후에는 바깥의 신선함을
집안에 들일 겸 현관문을 열어놓습니다.
중문에 새긴 'WELCOME!'은 언제나 창 너머
자연을 맞이하는 듯합니다.

봄엔 초록을
여름엔 녹음을
가을엔 단풍을
겨울엔 눈을 환영하겠지요.

햇살과 자연을 들이는 창만 한
인테리어가 없습니다.

WELCOME!
WELCOME!

싱크대 주변 타일 작업하기

센스의 ㅅ도 찾아볼 수 없는 주방의 타일.
시트지를 붙일까 하다가 고르지 않은 넓은 면에 여차하면 시트지 티가 확 날 것 같기도 하고
이번 기회에 타일 작업을 한번 해보고 싶기도 해서 타일로 결정했습니다.
싱크대 쪽의 타일이라는 게 물이나 음식이 튀거나 조리 시 열을 받을 때 벽면을 오염에서 보
호해주는 역할을 하는 것이니 기존의 타일 벽면 전체를 다른 타일로 덮기보다는 필요한 면만
깔끔하게 붙여주고 나머지 면에는 퍼티를 바르기로 했습니다.

타일과 퍼티 작업을 해보면 나중에 화장실도 직접 리폼할 수 있기 때문에 좋은 경험이 되겠
군요. 타일의 비용이 아무래도 비싸기 때문에 이렇게 넓은 면에 퍼티를 함께 사용하면 재료
비가 절감되기도 하고 어정쩡하게 일반 벽과 타일 벽 사이에 위치한 다용도실문도 정리되어
보이리라 생각했습니다.

<<<<<<
모자이크 타일과 퍼티로
완성한 싱크대 벽면

/ 벽면 정리하기

1. 쓰지도 않는 110볼트 콘센트와 커버도 없이 속살을 드러낸 220볼트 콘센트를 먼저 손봐야지요.

2. 두꺼비집의 전원을 차단한 후 110볼트 콘센트는 제거해서 절연 테이프로 전선을 마감하고 동네 전파사에서 220볼트 콘센트용 커버를 구해 부착했습니다.

3. 타일을 바르려면 면을 정리해야 하니 굴러다니는 MDF로 구멍을 막아줍니다.

4. MDF 위를 퍼티로 깔끔하게 마무리합니다.

5. 이제 타일을 붙일 준비가 끝났습니다. 기존의 타일을 제거하고 바르는 게 정석이지만 흔히 이렇게 윗면에 덧붙이기도 합니다. 덧방이라고도 하죠. 접착이 잘 되도록 벽의 오랜 기름때와 먼지를 닦아주세요.

6. 자기질 모자이크 타일과 타일 접착 세트로 나온 타일 접착제, 타일 줄눈제, 뽈헤라를 준비합니다. 모자이크 타일은 큰 사이즈의 타일에 비해 절단 작업 등을 줄일 수 있어 DIY하기에 좋습니다.

/ 타일 붙이기와 퍼티 바르기

1. 분말 형태의 타일 접착제에 조금씩 물을 섞어 사용합니다.

2. 물을 좀 많이 넣어서인지 타일을 붙였는데 정신없이 흘러내립니다. 항상 실수 없이 뚝딱 해낼 수는 없죠. 시행착오는 늘 있는 법. 확 걷어내고 싹 닦아냅니다.

3. 곧 바로 타일 본드 구매. 퍼티와 비슷하군요. 평헤라로 퍼티를 떠내고 뿔헤라로 벽에 요철을 만들며 본드를 발라줍니다.

4. 타일이 떡하니 잘 붙습니다. 물을 섞어 쓰는 분말 형태 타일 접착제보다는 타일 본드가 초보자에겐 더 낫네요.

5. 본드를 너무 두껍게 바르면 타일이 울퉁불퉁할 수 있으니 적당한 두께가 중요한데 이건 직접 해보면서 감을 잡을 수 있습니다. 수전 뒤쪽이 좀 까다로웠지만 적당히 망치로 깨서 붙였습니다. 큰 타일이라면 타일 절단기가 필요했겠죠.

6. 분말 형태인 타일 줄눈제에도 물을 부어 치약 정도의 묽기로 만듭니다.

7. 타일 틈새로 꾹꾹 채워줍니다. 저는 그냥 맨손으로 발랐지만 장갑을 끼고 하는 게 좋아요. 잘 씻고 로션을 듬뿍 발라도 나중에 땅깁니다.

8. 타일 작업을 하며 타일을 붙이지 않는 곳의 퍼티 작업도 병행합니다. 퍼티 작업도 타일 본드를 바를 때처럼 헤라 두 개를 이용해서 떠내고 벽에 발라주는 단순 반복입니다.

싱크대 벽을 간단히 정리하고자 할 때 타일 말고 시트지를 바르는 방법도 있습니다. 첫 전셋
집이었던 신혼집의 경우 집주인이 기존의 타일 위에 가스레인지 위쪽만 새로 시트지를 붙여
사용하고 있었습니다. 의외로 이렇게 임시방편적으로 일부만 작업하고 사는 경우가 많더라
고요. 대충 살겠다는 강력한 의지를 표방할 게 아닌 이상 한 가지로 통일해주는 게 좋습니다.
싹 거둬내고 노출 콘크리트 스타일의 시트지를 붙여 깔끔하게 정리한 모습입니다.

> > > > > > >
타일이 붙어 있던 벽면은 시트지를 붙
이고 벽지가 붙어 있던 벽면은 자투리
나무로 컵 수납장을 짜 넣었다.
싱크대 벽을 정리해주는 작업만으로도
완전히 다른 분위기를 낼 수 있다.

조명 교체하기

전셋집의 조명 교체는 오버라고 생각하실 수도 있습니다. 하지만 "모든 것을 밝히는 것은 아무것도 밝히지 않는 것과 같다"라는 유명한 조명디자인 관련 잠언이 있듯이 한 공간에 형광등 하나 덩그러니 켜놓고 괜찮은 인테리어를 기대하긴 어렵습니다.

물론 매입형 조명이라든가 천장이나 벽을 뜯어내는 큰 공사라면 저 역시 말리고 싶지만 간단한 조명 교체 정도는 직접 할 수 있다면 당연히 이사 갈 때 떼어갈 수 있으니 걱정할 것 없지요.

조명은 벽과 바닥을 정리하는 것만큼 인테리어를 결정하는 데 큰 영향을 미칩니다.

보통은 스탠드 등의 간접조명으로 해결하는데 이 집의 첫인상이자 중심이라 할 수 있는 주방의 조명이 너무 마음에 들지 않아 한번 교체해보기로 했습니다.

> > > > > > >
2012년 서울리빙디자인페어에 설치된 다양한 조명들. 고가의 조명을 구입하지 않더라도 평소에 멋진 디자인의 조명을 보며 안목을 키우자. 관심을 기울이면 비슷한 디자인의 조명을 훨씬 저렴한 가격에 발견할 수 있다.

싱크대 위 레일등 설치하기

주방의 레일등은 다소 흔한 아이템이라 꼭 하고 싶었다기보다는 인테리어 공사하다 남은 걸로 추측되는 레일등을 꽤 저렴하게 구할 수 있어서 충동 결정했습니다. 기존의 형광등이 낡기도 했고 한번 설치해보고 싶은 호기심도 있었습니다.

레일등은 레일부에 전원을 연결해 천장에 부착하고 레일에 조명을 끼워넣어 탈부착하는 방식입니다. 조명을 추가하거나 이동하기 편하고 마감부 쪽에 ㅡ자, ㄱ자, T자, +자 연결부를 통해 자유롭게 레일을 연장할 수도 있어 스팟 조명으로 좋습니다. 이 때문에 갤러리나 카페 등의 상업 공간에 주로 쓰이다가 요즘은 홈 인테리어, 특히 주방등으로 인기를 얻고 있습니다.

/ 싱크대 위 레일등 설치하기

1. 인테리어에 전혀 도움이 되지 않는 형광등을 교체해볼까요? 먼저 두꺼비집 내리기! 전등 부분만 내리면 되지만, 불안하다면 주전원을 내려도 됩니다.

2. 전구를 양옆으로 빼내면 형광등 본체와 천장의 고정대가 나사로 연결된 부분이 보입니다. 나사를 풀어 본체를 고정대에서 떼어내고 전원이 연결된 두 줄의 전선도 분리합니다. 전선 단자로 연결되어 있으니 쏙 빼주면 분리 끝. 그다음 고정대도 천장에서 완전히 분리합니다.

3. 형광등 대신 설치할 레일등과 레일, 여분의 전선이 필요합니다.

4. 전선이 나온 구멍, 변색된 부분이나 나사못 자국을 적당히 가려주는 위치에 레일을 부착합니다. 이사 갈 때 떼어내고 다시 원래의 형광등을 달아주어야 하기 때문에 기존 형광등의 위치 안으로만 나사못으로 고정해주는 게 좋겠죠.

5. 잘 가려졌네요. 형광등이 오래 달려 있던 자리라 그을음이 좀 보이긴 하지만 등을 달면 표시가 덜 날 거라고 기대합니다.

6. 이제 천장에서 나온 전선과 레일 사이에 전기를 연결줘야죠. 레일의 한쪽은 마감부, 다른 한쪽은 전원마감부로 마감하게 되어 있는데 전원은 전원마감부 쪽에 연결합니다.

7. 전원마감부에 연결한 전선과 천장에서 나온 전선을 연결합니다.

8. 등까지 달면 완성입니다. 살짝 늘어진 전선이 신경 쓰이네요.

9. 전선 고정못으로 늘어진 전선 업! 뒤쪽이라 이 정도로 하면 깔끔해집니다. 전선 고정못의 못을 빼내고 나사못을 끼워서 쓰면 더 튼튼하게 고정할 수 있습니다.

식탁 위 펜던트등 교체하기

식탁 위로 떨어지는 내추럴한 디자인과 따뜻한 불빛의 식탁등을 좋아합니다.
밝고 아늑한 저녁식사 시간을 만들어주기도 하지만 불을 켜지 않는 낮에도 하나의 오브제로
그럴듯한 분위기를 만들어줍니다. 마치 레스토랑이나 카페에서 제대로 된 음식을 차려내는
느낌, 제대로 된 식사를 하고 있는 듯한 느낌이 듭니다. 특히 주방과 식당이 따로 나뉘어 있
지 않는 작은 집이라면 식탁과 식탁등의 조합이 자연스럽게 식사 공간을 구분해주기도 하지
요. 때론 오버사이즈의 커다란 등이나 바 형태의 긴 등, 상업 공간에 사용하는 투박한 조명등
을 이용한다면 더욱 개성 있는 식탁을 연출할 수 있습니다.

> > > > > > >
인테리어에 도움이 안 되는 할머니 스타
일의 식탁등.

1. 세상 모든 건 잘 노려보면 어딘가 분리할 수 있는 시작점이 있습니다. 이 주방등의 경우는 엄지로 잡고 있는 저 부분을 돌려주면

2. 시꺼먼 속살을 드러내며 분리가 됩니다. 형광등을 분리할 때와 비슷합니다.

3. 천장에서 나온 전선과 주방등의 전선을 분리하고(이 경우는 연결 단자가 아닌 절연 테이프로 연결되었네요. 일반적인 스타일입니다). 고정대도 천장에서 분리해줍니다.

4. 식탁에 설치할 등입니다. 포인트로 개성을 살리고 싶어서 흔히 가정에서는 잘 쓰지 않는 카페풍의 디자인을 골랐습니다.

5. 식탁등의 전선을 천장에 연결하고 절연 테이프를 사용해 꼼꼼히 감아줍니다.

6. 고정대를 천장에 고정합니다.

7. 마감부를 나사로 고정합니다. 형광등과도 원리가 비슷하죠.

8. 기존 식탁등의 위치가 정확히 아일랜드 식탁 위로 떨어지지 않아서 레일등의 선 정리 때 썼던 전선 고정 못을 이용해 위치를 옮겨 완성합니다.

조리대 전용 조명 추가하기

타일도 붙이고 조명도 교체했지만 싱크대 조리대 쪽은 한낮에도 어둡습니다. 주방에 창이 없고 거실 쪽에서 들어오는 빛을 냉장고가 막고 있기 때문입니다. 그렇다고 항상 레일등을 켜놓자니 전기료가 아깝죠. 고민 끝에 슬림 형광등을 간접조명처럼 설치하기로 합니다.

T5 슬림 형광등과 등기구를 준비합니다. 포장지에 표시된 'T5 14W'에서 T5는 형광등의 굵기를 표시하고 14W는 형광등 길이에 따른 밝기입니다. 약 30센티미터에서 150센티미터까지 길이가 다양하고 램프의 색도 주광색과 전구색뿐 아니라 청색, 적색, 녹색 중에서 선택할 수 있기 때문에 다양한 용도로 쓰입니다. 등기구 자체에 스위치가 달려 있는 것도 있고 필요 시에 연결선이나 잭을 통해 연장할 수도 있습니다.

조리대에는 스위치가 달린 등기구로 60센티미터 길이의 14와트, 전구색을 사용하기로 합니다.

전구색 종류 구별하는 방법

주거 공간에 사용하는 조명을 색으로 구분하자면, 대표적으로 주광색과 전구색을 들 수 있습니다. 주광색은 하얀빛, 즉 형광등을 생각하면 되고 전구색은 말 그대로 노란빛이 도는 전구, 백열등을 생각하면 됩니다.

대부분의 거실과 방에는 주광색 등이 주 조명으로 달려 있고 욕실, 베란다, 현관에는 전구색 등이 사용되는데 사실 어느 공간에 꼭 어느 색의 조명을 써야 한다고 정해진 건 없습니다. 예전엔 에너지효율 면에서 지속적인 조명이 필요한 곳엔 주광색의 형광등을, 간헐적인 조명이 필요한 곳엔 전구색의 백열등을 사용하는 게 관례처럼 굳어졌었죠. 하지만 요즘은 형광등도 전구색이 출시되고 소켓용 전구 역시 삼파장 램프로 대체해 에너지효율을 높일 수 있는 등 선택의 폭이 다양해져 취향에 따라 선택할 수 있게 되었습니다.

'그러니까 어떤 색이 좋다는 말이냐!' 하고 물어보셔도 정답은 없지만 확실한 건 천장 한가운데 덩그렇게 달려 있는 형광등은 공사하기 편하고 저렴하기 때문에 관습적으로 달아놓은 거지 인테리어를 생각해 달아놓은 건 아니라는 겁니다.

호텔이나 펜션, 카페와 레스토랑에서 마음에 들었던 조명을 떠올려보면 자신이 어떤 조명을 좋아하는지 쉽게 알 수 있을 겁니다.

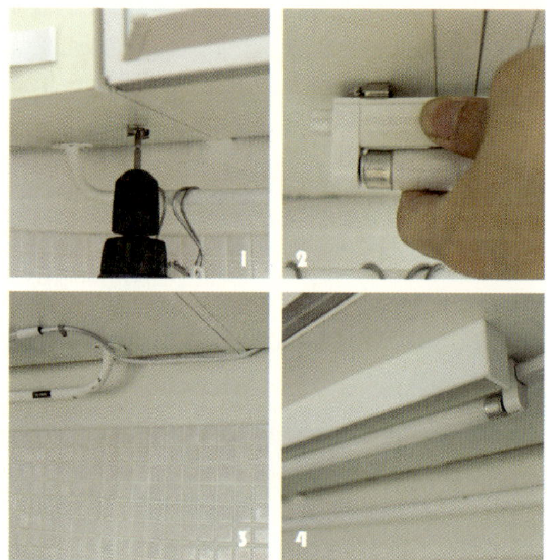

1. 싱크대 상부장 아래에 조명이 필요한 위치를 정하고 동봉된 고정 클립을 나사로 설치합니다. 블라인드를 천장에 설치할 때와 비슷한 방식이군요.

2. 고정 클립에 등기구의 홈을 맞추고 딸깍 소리가 나도록 밀어 올립니다.

3. 전원 코드를 등기구와 콘센트에 연결하고 길이가 남는 부분은 싱크대 상부장 안쪽으로 잘 정리해 넣습니다.

4. 형광등 불빛이 바로 눈에 닿으면 눈부심에 피로할 수도 있습니다. 빛을 걸러주기 위해 3mm 우드락으로 가림막을 만들어 빛을 한 번 걸러주도록 합니다. 우드락이 없으면 종이로도 가능합니다.

> > > > > > > >
저렴한 비용과 간단한 방법으로 주방이
한결 밝아졌다. 전기료도 절약되는데다
색다른 느낌까지 주니 이것이야말로 일
석이조!

전기공사 없이 천장등 설치하기

천장이나 벽에 조명을 설치할 경우 보통은 저희 집 아일랜드 식탁 위에 설치한 펜던트등처럼 미리 설치되어 있는 등만 교체하거나 전기공사를 통해 천장 안으로 전선을 매입하는 방법이 정석입니다. 하지만 현실은 천장 한가운데 형광등만 덩그러니 달려 있는데 그렇다고 전셋집에 전기공사라니 쉽지 않습니다. 물론 좌절은 금물! 배선이 되어 있지 않는 곳에 천장 고정등이나 벽등을 달고 싶을 때의 대안책입니다.

저에겐 발리 신혼여행에서 사온 등이 있지요. 2010년 발리 여행에서 세 개 한 세트에 거금 50만 루피아(그래봤자 우리 돈 6만 원!)에 사서 코만도 바주카포 크기의 박스를 어깨에 들쳐 메고 반입한 놈이지요. 달고 싶어 손이 근질근질하다가 결국 안방에 달아보기로 결심했습니다.

단, 사진에서 보다시피 천장에서 전원이 내려와야 하는 등이므로 이 등은 원래 전기공사가 필요합니다. 그래서 전기공사 없이 천장에 조명 설치하는 방법에 대해 고민해봤습니다.

> > > > > > >
발리에서 세 개 한 세트, 6만 원에
구입한 휴양지 스타일의 등.

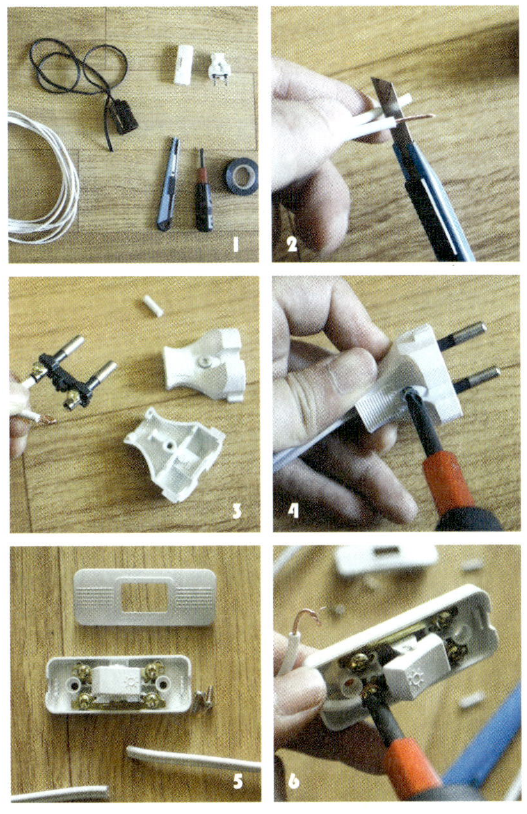

/ 한 플러그에 한 개의 전등 달기

1. 준비물입니다. 전구 소켓은 등에 딸려 있었고 동네 전파사에서 구입한 필요량의 전선과 스위치, 220V용 전기 플러그, 절연 테이프와 칼, +자 드라이버가 필요합니다.

2. 전기 작업의 기본인 전선 피복 벗기기입니다. 숙련자들은 니퍼 하나로 벗기고 전용 공구도 있지만 초보자들은 칼로 이렇게 피복을 빙 돌려 자른 후 뽑아내는 게 쉽습니다. 전선 가닥들은 엄지와 검지로 빙 꼬아 꽈배기처럼 만들어 정리합니다.

3. 플러그에 전선을 연결합니다. 좌우 구분 없이 그냥 하나씩 연결하고 조여주면 됩니다.

4. 플러그 뚜껑을 닫고 나사못을 조이면 플러그 연결 완성!

5. 다음은 스위치를 달아야죠. 침실에 설치할 등이므로 침대에 누워서도 편하게 손이 닿는 위치에 스위치를 달아줄 겁니다. 적절한 위치를 정해서 전선을 뚝 잘라 스위치를 분해해 준비하고요.

6. 플러그에 전선 연결하듯 전선의 피복을 벗겨 한쪽씩 연결합니다.

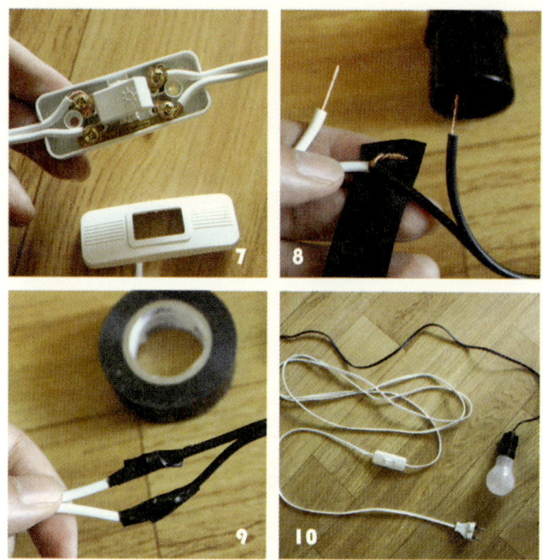

7. 양쪽을 연결하고 커버를 덮으면 완성. 전선이나 스위치를 공사를 통해 벽 안으로 넣는 게 아니라 벽을 타고 내려오게 할 것이기 때문에 깔끔한 흰색 전선과 심플한 디자인의 스위치로 선택했습니다.

8. 마지막으로 전구 소켓을 연결해야죠. 피복을 벗겨내고 플러그 쪽 전선과 소켓 쪽 전선을 잘 꼬아서 연결한 후 절연 테이프로 꼼꼼히 감아줍니다.

9. 두 쪽 다 연결한 후에는 깔끔한 마무리를 위해 전체적으로 한 번 더 감아주면 됩니다.

10. 이렇게 등 세트가 완성되었습니다.

대부분의 조명이 모두 이런 원리입니다. 전원을 공급하는 부분이 있고 온오프를 조절하는 부분 그리고 불이 들어오는 부분, 이 세 부분을 전선이 연결해주는 거죠. 책상 위 스탠드도, 거실의 장스탠드도 모두 마찬가지입니다.

천장의 형광등이나 베란다의 벽등과 같은 매입형 등도 원리는 같지요. 다만 공사를 통해 전선을 보이지 않게 숨겨놓았을 뿐입니다. 그러니 이러한 원리만 알고 있으면 간단한 조명의 설치나 스탠드의 제작 및 수리도 직접 해볼 수 있겠죠?

저희 집의 장스탠드도 마찬가지로 이 원리를 이용해 다리와 전등갓만 구입해서 직접 제작한 것이지요. 그렇다면 한 플러그로 두 개 이상의 전등을 연결하고 싶을 때는 어떻게 하느냐고요?

/ 한 플러그에 두 개 이상의 전등 달기

1. 플러그 쪽 전선과 전등 쪽 전구들을 마주 보게 합니다. 꼭 만나야 할 놈들끼리 만나야 하거든요. 아니면 불꽃이 튀고 연기가 나죠. 인간관계와 같군요. 각 전선들 중 하나씩만 만나게 해서 연결합니다.

2. 절연 테이프로 꽁꽁 감아줍니다.

3. 하나의 플러그와 스위치에 두 개의 전등이 연결된 모습입니다. 스위치를 따로 연결하고 싶으면 스위치를 두 개로 나뉜 부분 이후에 연결하거나 전구 자체에 스위치가 달린 제품을 구입하면 됩니다.

4. 이제 몰딩에 전선 고정 스테이플 등을 이용해 전선을 고정합니다.

5. 상황에 따라 그 이외의 전선은 잘 보이지 않도록 정리합니다. 저희 집의 경우는 롤 블라인드 박스 뒤쪽으로 돌려 창문에 단 블라인드 뒤로 내렸지요

6. 전선을 고정못을 이용해 창틀을 따라 흔들리지 않게, 눈에 띄지 않게 고정합니다.

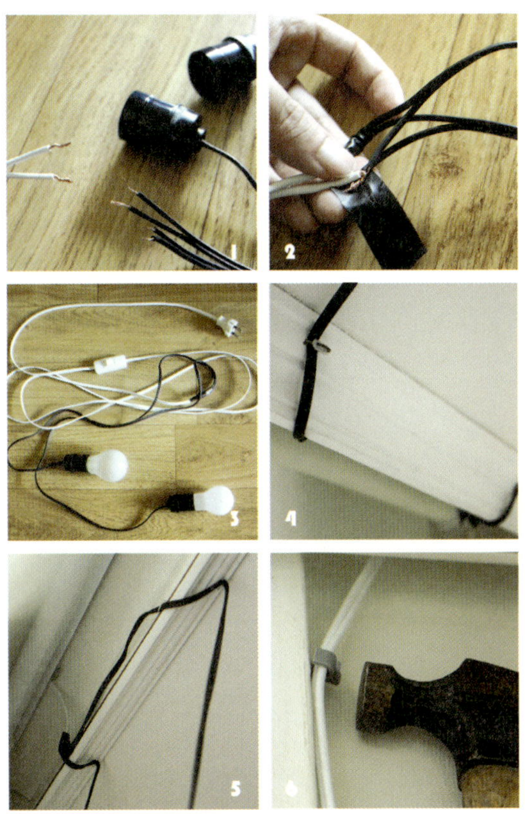

블라인드를 내리고 콘센트에 전원을 연결하면 감쪽같이 완성!
직접 설치한 조명에 불이 들어오는 순간은 언제나 설렙니다.
이 등처럼 여행지에서 구입한 인테리어 소품은 늘 그 당시의 추억을 동반하기 때문에 더 애착이 갑니다.

스위치 교체하기

조명을 바꾸다 보니 깔끔하게 정리된 벽의 누리끼리한 스위치가 또 눈에 거슬립니다.
심플한 기본 디자인의 스위치는 굳이 이사 갈 때 떼어가지 않아도 될 정도로 저렴합니다만
신경 써서 직접 교체한 포인트 스위치라면 이사 갈 때 떼어가면 되겠죠?
밋밋했던 공간에 디자인 스위치 하나만 달아도 훌륭한 포인트가 되었습니다. 단, 포인트는
포인트일 뿐 집 안의 모든 스위치를 이렇게 싹 다 바꾸면 조잡해 보일 수 있으니 이런 작업은
한두 곳만 해주는 게 좋습니다.

기존의 지저분하고 낡은 스위치를 떼어
내고 새롭게 교체한 포인트 스위치. 마
켓엠 제품.

/ 스위치 교체하기

1. 흰 벽에 흰 인터폰에 흰 스위치까지 깔끔함을 넘어 밋밋하기가 취미 없는 남자의 일상 같습니다. 게다가 웬 그을음까지 이렇게 묻은 건지….

2. 교체할 2구 스위치와 붙임쇠를 준비하고 알맞은 자리에 결합합니다.

3. 설명서를 살펴보고도 한참을 고민한 부분입니다. 드라이버가 자리한 붙임쇠의 T자로 튀어나온 부분을 스위치 쪽으로 힘껏 밀어줘야 합니다. 그러면 T자에 연결된 얇은 쇠 부분이 휘어들어가면서 스위치를 물어주는 방식이지요.

4. 다음은 기존의 스위치를 분해해야죠. 커버를 분리하는 부분은 대부분 아래쪽에 홈이 있는데 드라이버 등을 넣어 젖히면 '토독' 하고 빠집니다.

5. 커버를 벗긴 후 커버 고정부의 나사를 풀어 분해합니다.

6. 그다음은 스위치 커버를 떼어냅니다. 블럭처럼 꽂혀 있는 방식이므로 손으로 뽑아내면 됩니다.

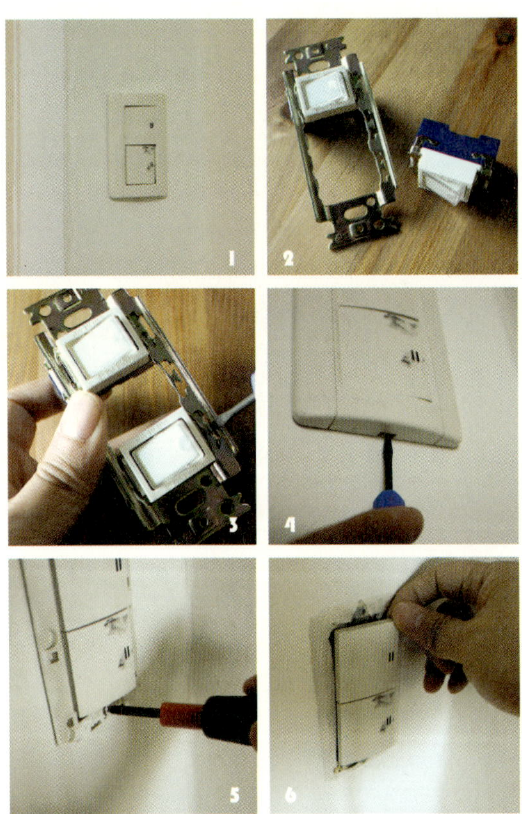

 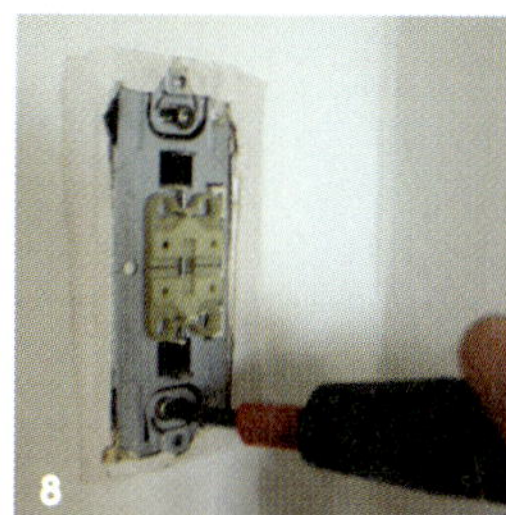

 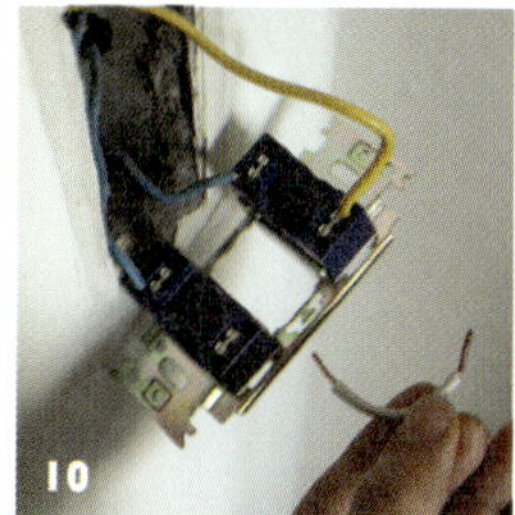

7. '뽕' 하고 뽑혔네요.

8. 자, 이제 붙임쇠를 풀어줍니다.

9. 전선을 교체할 붙임쇠의 동일한 위치에 꽂은 다음 깔끔히 교체하면 됩니다.

10. 기존 스위치는 2구 일체형이라 한 선으로 전류가 들어가서 두 선으로 나오는 방식인데 바꿀 스위치는 2구 독립형이라 두 선으로 전류가 들어가서 두 선으로 나오는 방식입니다. 따라서 두 개의 스위치를 브리지로 연결합니다. 먼저 전선을 적당한 길이로 잘라 피복을 벗깁니다.

11. 이렇게 연결하면 양쪽으로 전원이 흘러들어갑니다.

12. 붙임쇠를 연결하고 커버를 끼우면 완성!

욕실 분위기 바꾸기

앞에서도 말씀드렸지만 전셋집 인테리어에는 분명히 '한계'가 존재합니다. 특히 싱크대와 욕실은 비용적인 면에서나 현실적인 면에서 쉽사리 시도하기가 힘듭니다.

기본적으로 공간 대부분이 타일 마감이기 때문에 대대적으로 타일을 갈거나 덧바르는 공사를 하기 전에는 전체 분위기를 바꾸기 힘듭니다. 뿐만 아니라 세입자로서 벽에 부착물을 달거나 교체하기 위해 타일 위에 구멍을 뚫기란 도배된 벽에 구멍을 뚫는 것보다 망설여지는 일입니다. 그렇기 때문에 저는 처음부터 다른 공간은 좀 낡았더라도 싱크대와 욕실만큼은 깨끗한 집을 고르는 편입니다.

지금부터는 기존의 욕실에 손상을 최소화하고 원상복구가 가능하며 전부 다 떼어갈 수 있는 욕실 인테리어 팁을 소개하겠습니다.

먼저 욕실에 있는 등을 수정(교체가 아니라)합니다. 대부분 욕실에는 주광색 전구가 꽂혀 있는데, 욕실에 주광색이라니 너무 잔인하잖아요. 욕실에서만큼은 목욕 후 촉촉하고 뽀얀 얼굴에 '자뻑'하고 싶습니다. 일단 전구색으로 교체하고, 집을 지은 사람들이 분명 아무 생각 없이 세로로 달아놓았을 벽등을 가로로 변경합니다. 가로세로의 변경은 등 커버를 분해하면 보이는 브라켓의 나사를 풀고 다시 조여주는 것만으로도 간단하게 끝낼 수 있습니다. 대부분 벽등과 브라켓은 90도씩 돌리며 방향을 선택해 달 수 있도록 나오니까요.

그런 다음 거울과 수납장을 리폼합니다. 거울에 원목 테두리를 두르고, 수납장 문을 원목으로 교체하는 것만으로도 좀 더 따뜻하고 자연스러운 느낌을 낼 수 있습니다. 생뚱맞은 포인트 타일이나 가리고 싶은 벽면이 있다면 욕실에 어울리는 엽서를 비닐로 밀봉해서 양면테이프로 붙여주는 방법도 간단하게 욕실을 꾸밀 수 있는 팁입니다.

AFTER

BEFORE

심심하리만큼 하얗고 밋밋하고 깔끔했
던 기존의 욕실 모습. 군데군데 포인트
타일이 좀 거슬리지만 이 정도면 충분
히 리폼이 가능할 것 같았다.

/ 욕실 거울 리폼하기

I. 이 밋밋한 거울부터 손봐야겠네요.

2. 일단 떼어냅니다.

3. 별것 없습니다. 거울이 벽에 일체식으로 고정되어 있는 경우가 아니면 대부분은 이렇게 ㄷ자 형태의 거울 고정 부속이 위아래 네 곳 정도를 잡아주고 있습니다. 손톱으로 잡아 올리거나 내리면 거울을 넣고 뺄 수 있을 정도로 고정되어 있지요

4. 고정 부속도 떼어냅니다. 그리고 기존의 고정 부속이 연결되어 있던 나사 구멍을 그대로 이용할 겁니다.

5. 목재를 준비합니다. 폭 10cm 정도에 길이는 거울의 네 변보다 조금 더 긴 걸로요. 두께는 1cm 정도만 넘으면 되겠네요. 구멍이 뿡뿡 뚫려 있는 이 목재는 신혼집 주방에 선반으로 쓰던 것을 재활용하는 것입니다.

6. 선반이었을 때의 나사 자국은 그대로 살리기로 합니다. 내심 빈티지 스타일이라고 맘에 들어하고 있습니다.

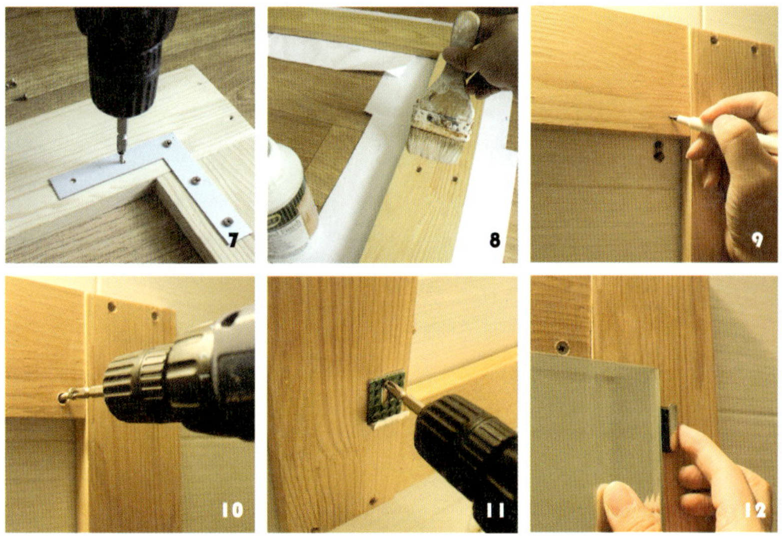

7. ㄱ자 평철로 연결합니다.

8. 습기 많은 욕실 거울에 쓰일 용도이니 표면에 바니시를 두세 번 더 칠합니다.

9. 이렇게 만든 목재틀을 기존의 거울 고정 부속이 고정되어 있던 나사 구멍에 맞춰 나사못으로 고정하기 위해 위치를 표시합니다.

10. 이중드릴날로 구멍을 뚫은 후 나사못으로 고정합니다. 벽에 새로 구멍을 뚫지 않고 목재 거울틀이 만들어졌습니다.

11. 그 위에 거울 고정 부속을 연결합니다.

12. 거울을 떼어낼 때의 역순으로 끼워 넣으면 완성!

상계동 친구집의 욕실 거울도 기존 거울을 그대로 이용한 경우입니다. 다만 이때는 거울이 벽면에 붙어 있는 일체형이었기 때문에 거울 위에 목재로 짠 사각틀을 대고 ㄱ자 꺾쇠로 과감히 벽면에 구멍을 뚫어 연결해주었지요. 구멍을 뚫긴 했지만 잘 안 보이는 위치의 타일 틈에 최소한으로 뚫었기 때문에 나중에 실리콘이나 퍼티, 줄눈제 등으로 메우면 티가 안 나도록 약간의 꼼수를 부렸지요.

이 집의 욕실 수납장 역시 앞에서 설명한 것과 같이 문짝만 교체한 겁니다. 다만 여기는 양문형입니다.

AFTER

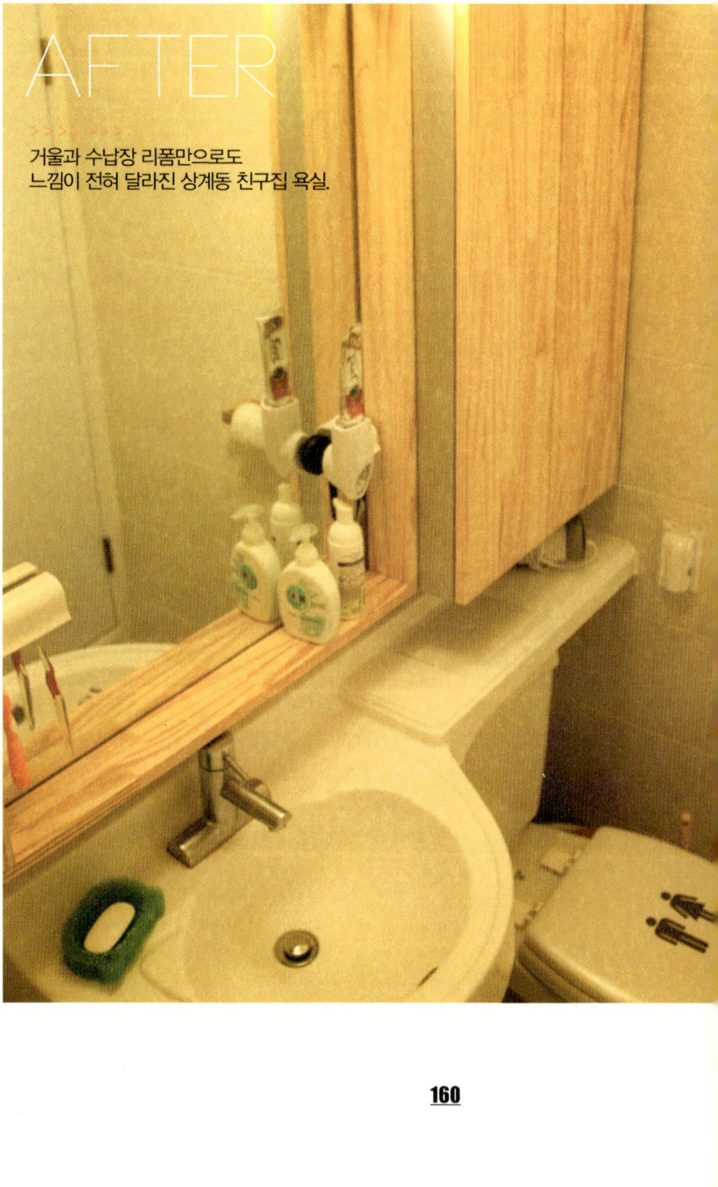

거울과 수납장 리폼만으로도
느낌이 전혀 달라진 상계동 친구집 욕실.

BEFORE

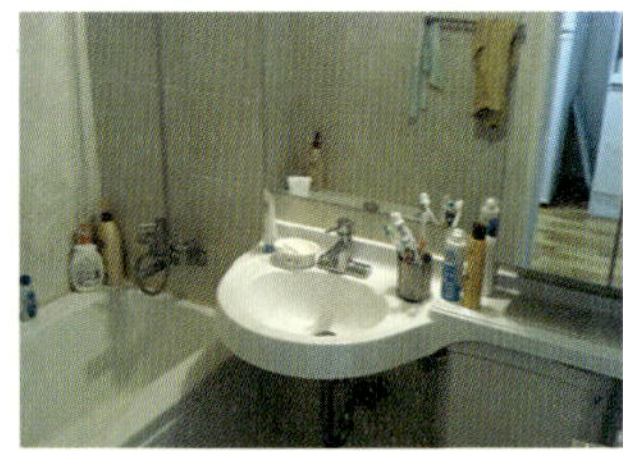

/ 욕실 수납장 리폼하기

1. 욕실 수납장은 문짝만 바꿔 달았습니다. 기존에 달려 있던 허여멀건한 문짝은 떼어내 창고에 잘 보관합니다.

2. 새로 붙일 문짝을 준비합니다. 온라인으로 목재를 주문할 때 싱크대 경첩과 함께 경첩이 들어갈 수 있는 홈을 파달라고 주문하면 됩니다.

3. 경첩을 홈에 끼워넣고 나사못으로 연결합니다.

4. 높이를 맞춰 답니다. 욕실에서 쓸 것이므로 바니시로 방습 처리를 해줘야겠죠.

5. 싱크대 경첩을 이용하는 게 어렵거나 일반 경첩을 이용할 때는 '빠찌링'이라는 걸 이용하면 됩니다. 먼저 가구의 몸체에 자석을 붙입니다.

6. 문짝에는 쇠로 된 철물을 붙여 자력의 힘으로 문을 잡아주는 것이죠. 몇 백 원밖에 안하는 철물인데도 문짝이 필요한 가구에 상당히 유용합니다.

161

1. 평범한 스테인리스 휴지걸이도 교체해볼까요? 연결 부위가 안 보여 한참을 헤매다가 위로 뽑아 올렸더니 쑥 하고 빠집니다. 이렇게 브라켓을 나사로 벽에 연결하고 그 위에 끼워넣는 타입이군요.

2. 나사를 풀어보니 예상대로 칼블럭에 고정되어 있습니다. 자, 이제 기존의 칼블럭에 전부터 애용해왔던 휴지걸이를 붙여주면 됩니다.

3. 그런데 구멍 위치가 달라요. 뭐 이 정도 변수는 이미 충분히 단련되어 있습니다. 하나 더 뚫자니 주인아주머니 눈치가 보이고 구멍 하나에만 연결하면 불안정할 것 같습니다. 또 꼼수 세포가 발동합니다.

4. 위치를 맞춰 한쪽에 구멍을 추가로 뚫을 자리를 표시합니다.

5. 이중드릴날로 뽕 구멍을 뚫었지요. 목재 가구와 소품을 좋아하는 이유 중 하나는 역시 가공하기 쉽다는 점 때문입니다.

6. 이 정도로도 단단히 붙겠지만 나사못으로 고정하지 못하는 쪽을 확실히 붙이기 위해 실리콘을 바릅니다.

7. 기존의 칼블럭 두 곳에 고정하고 실리콘까지 마르면 완성. 이사 갈 때 떼어갈 수도 있습니다.

8. 스테인리스 수건걸이도 신혼집에서부터 써왔던 원목 수건걸이로 교체해줍니다.

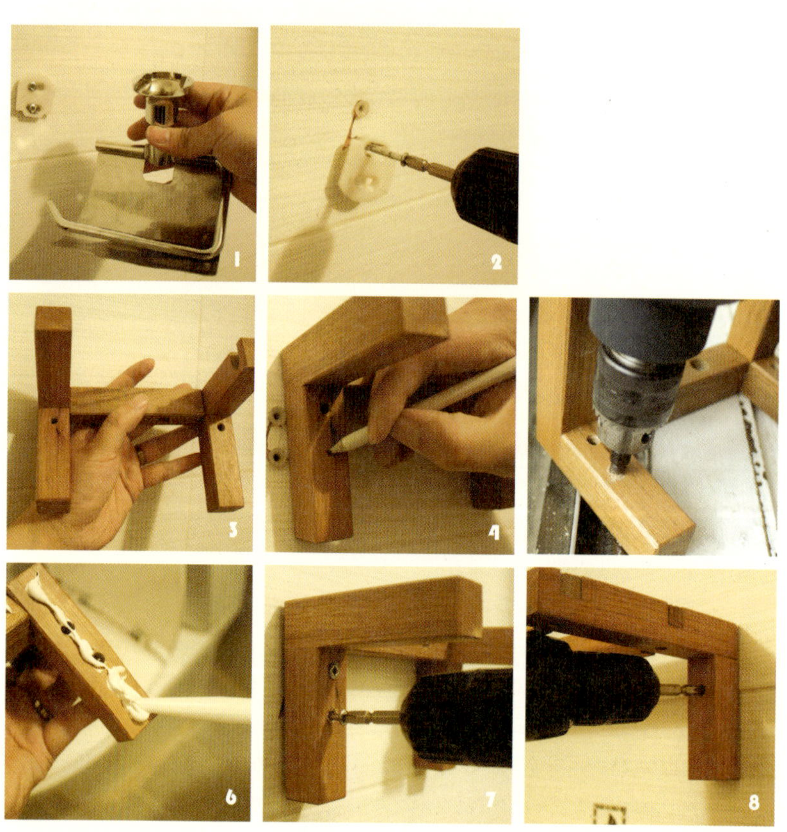

거울과 수납장 리폼으로 욕실 분위기를 바꿔보았으니, 이에 어울리게 위 사진처럼 목재 수납장을 들여놓고 욕실용품을 정리합니다.

일차적으로 코팅이 되어 있고 샤워커튼이 튀는 물을 막아주기는 하지만 분명 목재는 물에 약하기 때문에 굴러다니는 벽돌을 구해 다리 밑에 괴었습니다.

욕실에 목재를 사용하는 것에 대해 걱정하는 분들이 있습니다. 비결은 욕실을 항상 보송하게 유지하는 것입니다. 늘 닦지는 않더라도 통풍이 잘되게 살짝 문을 열어놓지요.

욕실이 습한 건 목재뿐 아니라 위생적인 면에서도 좋지 않으니까요. 물에 푹 담그지 않는 이상 바니시 등으로 코팅만 꼼꼼히 해주면 보다시피 몇 년은 끄떡없습니다.

욕실 데코 팁

/ 샤워커튼

샤워부스가 따로 없거나 좁은 욕실에서는 샤워커튼만으로도 건식 공간과 습식 공간으로 어느 정도 구분할 수 있습니다. 압축봉을 이용하면 쉽게 설치할 수 있지요. 압축봉은 일정 길이 미만의 너비를 가진 공간이라면 벽체에 손상 없이 고무 패킹과 스프링의 탄력을 이용해 커튼을 걸 수 있기에 샤워실뿐 아니라 베란다나 현관 입구처럼 폭이 좁으면서도 공간의 분할이 필요한 곳에 즐겨 이용하는 편입니다. 커튼 뒤로는 아기 욕조 등을 세워놓기 때문에 공간 정리에도 도움이 되지요.

/ 욕실을 향기롭게

부부간에 적어도 생리현상으로 서로를 미워하는 일이 없도록 작은 목재 그릇에 천연 방향제를 넣고 그 위에 조화를 뿌리듯 흩어놓습니다. 마치 꽃에서 냄새가 나는 것처럼요.
음악을 틀어놓고 양초에 불을 붙인 다음 욕실 불을 끄고 욕조에 편안하게 누워보세요. 순식간에 작은 욕실마저 로맨틱하게 느껴질 겁니다.
양초는 냄새를 태우기도 하니 응급 시 사용하면 빠른 효과를 볼 수도 있지요.

/ 타일 줄눈을 깔끔하게

타일을 원하는 스타일로 교체할 수 없다면 타일 줄눈을 정리해주는 것만으로도 훨씬 깔끔한 욕실을 만들 수 있습니다. 타일 줄눈에 낀 곰팡이와 찌든 때, 크랙 등으로 인해 욕실이 지저분해 보이는 경우가 많으니까요. 타일줄눈보수제로 전용 제품이 나오기도 하지만 간단한 틈새는 백색 실리콘 으로도 해결할 수도 있습니다.

베란다 활용하기

작은 아파트나 빌라는 물론 심지어 꽤 규모가 있어 공간이 넉넉한 경우에도 베란다를 터서 거실을 확장하는 집들이 많습니다. 개인적으로 공동주택에서 베란다는 쉽게 없애서는 안 될 공간이라고 생각합니다.

마당이나 창고인 동시에 외부와의 완충 지대, 삭막한 시멘트벽으로 둘러싸인 공간에 정원까지 꾸밀 수 있는 소중한 곳이기 때문이지요.

거실창 바로 너머의 베란다에는 보통 폭 1미터 이상 되는 꽤 넓은 공간이 있습니다. 외부 새시창과 벽으로 둘러싸인 이곳은 잘만 활용하면 의외로 실용적이고 아늑한 공간으로 탄생하기도 합니다. 집 안에 둘 필요가 없는 크고 작은 짐과 집을 꾸미는데 필요한 공구, 자재를 수납할 수 있는 커다란 수납용 앵글을 제작해 창고로 활용해보았습니다.

> > > > > > >
수납용 앵글로 지저분한 잡동사니들을
수납하고 블라인드를 내리면 깔끔하게
완성!

/ 수납용 앵글 짜기

1. 조립식 앵글 중 엠보싱 앵글이라는 제품이 있습니다. 기존의 앵글과 달리 나사를 사용하지 않고 끼워 넣는 방식이라 조립과 분해가 쉬워졌지요.

2. 고무로 된 신발을 꾹 끼워넣어 신겨줍니다.

3. 먼저 옆면을 만듭니다. 선반의 높이를 맞춰 홈에 넣고 고무망치로 탕탕 내리쳐 끼워 넣습니다.

4. 고무망치가 없으면 사진처럼 수건을 깔고 일반 망치로 때려줘도 됩니다(소리가 상당하니 밤에 작업하는 건 생각하지 마세요).

5. 끝까지 들어가면 단단히 결합됩니다.

6. 이렇게 형태를 유지할 정도로 옆면 두세 곳 정도만 결합한 다음 앞뒷면을 연결합니다.

7. 총 5단으로 만들 계획이며 아래나 위에서부터 쭈욱 연결해 나가는 것보다 이렇게 중간과 위 정도만 연결해 큰 틀을 완성합니다. 그런 다음 중간중간 마무리하는 게 조립하기도 쉽고 실수를 줄일 수 있습니다.

8. 나머지 부속들을 연결하고 함께 주문했던 12mm MDF 합판을 올린 다음 남는 목재 쪼가리를 다리 아래에 받쳐 수평을 맞추면 조립식 앵글 조립 끝입니다.

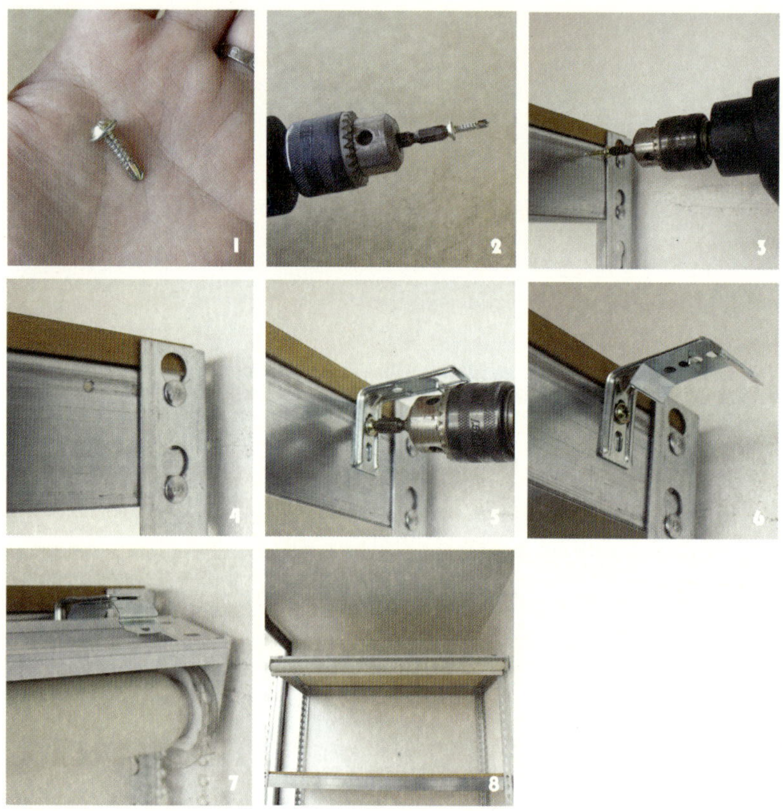

/ 블라인드 설치하기

1. '직결피스'라고도 하고 '철판피스'라고도 불립니다. 철물에 구멍을 뚫어 연결할 수 있는 나사못이지요. 자세히 보면 끝부분이 일반 나사못처럼 뾰족하지 않고 살짝 넙적한 날이 어긋나 있습니다.

2. 요렇게 전동드릴에 연결하면 철물용 드릴날처럼 구멍을 뚫을 수 있지요.

3. 가장 상단에 구멍을 뚫습니다.

4. 어렵지 않게 구멍이 뚫립니다.

5. 구멍을 이용해 블라인드용 ㄱ자 브라켓을 연결합니다. 원래는 구멍을 먼저 뚫은 후 그 구멍에 다시 연결하는 게 아니라 철판피스를 이 상태로 조여 구멍을 뚫는 동시에 브라켓을 고정하는 방식입니다. 그래서 직결피스라고도 불리구요. 이해를 위해 따로 보여드립니다.

6. ㄱ자 브라켓에 브라켓을 연결합니다. 사진을 보면 아시겠지만 블라인드를 천장에 걸 때는 ㄱ자 브라켓 없이 그냥 브라켓만 연결하면 됩니다. ㄱ자 브라켓은 블라인드를 벽에 걸 때 이용하는 철물입니다.

7. 블라인드 몸체의 홈에 브라켓을 끼워넣고 뒷부분을 걸쳐놓은 후 앞부분을 꾸욱 올리면 딸깍 소리와 함께 블라인드 완성.

8. 요렇게 깔끔하게 잘 달렸네요. 신혼집의 베란다에 쓰던 것을 재사용했는데도 마치 미리 잰 것처럼 길이가 딱 맞아요.

베란다 벽등 교체하기

처음 이 집에 왔을 때 베란다 벽등에는 전구 소켓만 흉물스럽게 덩그러니 남아 있었습니다.
베란다는 실외 공간이면서 동시에 실내 공간이고 바람 좋은 날 저녁 시간을 보내기에도 좋은
곳이라 괜찮은 벽등 하나 있었으면 하던 차에 저렴한 벽등을 구입해 교체해보기로 했습니다.
하얀 벽에 어울리는 디자인을 생각해보다가 이태원의 빈티지 숍에서 탐냈던, 유럽 공장에서
떼어온 오래된 벽등이 떠올랐습니다. 설치하는 위치만 다를 뿐 벽등도 천장에 부착하는 펜던
트형 등과 큰 차이가 없으므로 어렵지 않게 교체할 수 있습니다.

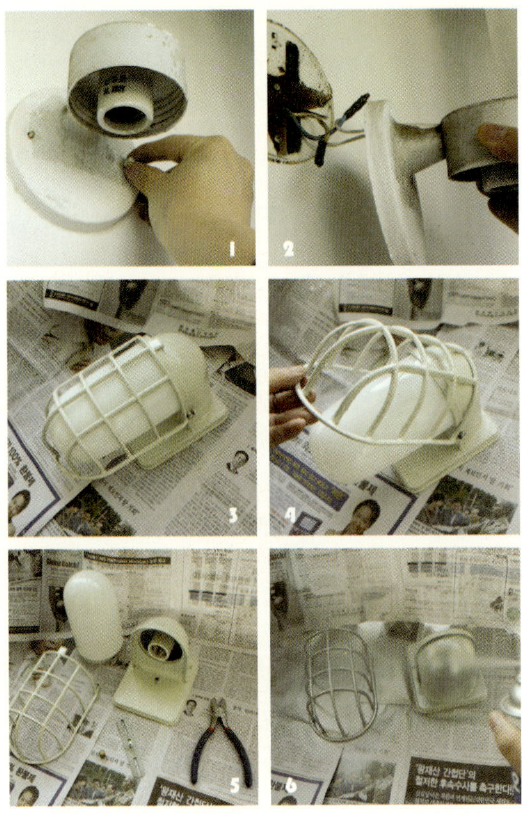

/ 벽등 교체하기

1. 천장이 아닌 벽에 달려 있을 뿐 분해 방식은 비슷합니다. 나사를 풀면 등이 고정대에서 분리됩니다.

2. 고정대도 벽에서 떼어내고 절연 테이프를 벗겨 전선도 분리합니다.

3. 을지로 조명 가게에서 2만 원 정도에 구입한 일반적인 산업용 벽등입니다. 주방등 구입하러 돌아다니다 리폼하면 좋겠다 싶어 구입해두었죠. 이번엔 빈티지 스타일로 리폼해서 달아보겠습니다.

4. 이렇게 철망을 들어 올리면 쉽게 분해할 수 있습니다. 스프레이를 뿌려 리폼할 예정입니다.

5. 먼저 은색 스프레이로 밑색을 칠합니다. 스프레이를 흘러내리거나 뭉치지 않게 칠하는 팁이라면 충분히 흔들고 바람 없는 곳에서 약 30~40cm의 거리를 둔 후 치익, 치익 짧게 끊어서 조금씩 칠하는 겁니다.

6. 은색으로 칠한 바탕 위에 검은색 스프레이를 적당히 뿌려 오래된 철물의 느낌을 냅니다. 완전한 은색도 아니고 완전한 검은색도 아닌 어두운 은색 정도랄까요.

7. 철망 부분도 마찬가지로 칠해주는데 본체와 다른 느낌을 주기 위해 좀 더 검은색을 짙게 뿌렸어요.

8. 스프레이가 마르면 표면을 사포로 살짝살짝 벗겨냅니다. 오랜 세월에 페인트가 벗겨져 밑색으로 뿌려놓은 은색이 드러나는 느낌으로 하면 됩니다. 이래야 런던 외곽 기차역에서 떼어왔다고 하면 속는 분이 열에 두 분은 계시니까요.

9. 못으로 긁힌 자국도 몇 군데 내주고 망치로도 한두 대 때려주면서 세월의 풍파를 속성으로 새겨넣습니다. 이러면 열에 다섯 분까진 속일 수 있습니다.

10. 이제 새로 달 벽등의 전선을 연결합니다.

11. 고정대를 단 후 벽등을 설치합니다.

12. 전구 부분과 철망을 조립하면 완성! 런던의 기차역에서 떼어온 듯한 오래된 빈티지 등 같나요?

자투리 공간을
나만의 특별한 공간으로!

재활용 목재로 꾸민 베란다 힐링 스페이스

화장대를 리폼하다 나온 목제 상판과 거울이 있습니다. 버리긴 아까워 어디에 재활용할 곳이 없을까 찾아봅니다. 전 지구를 사랑하는 남자니까요.
아, 베란다에 에어컨 실외기가 있었지요. 내 집 같으면 베란다 밖으로 앵글을 짜서 실외기를 설치했겠지만 전셋집이라 앵글 설치비가 아까워 그냥 안쪽에 놓았습니다. 이걸 그냥 두자니 거실에서도 바로 보이는데 좀 심심하다 싶어 화장대를 리폼하기 위해 떼어낸 상판을 올려봤더니 의외로 괜찮은 그림이 나올 것 같습니다. 집 안 이곳저곳에 흩어져 있던 소품들을 활용해 작은 여유 공간을 만들기로 합니다.

신혼 때 마트에서 구입해 화장실에서 써오던 나무 바구니 위에 작은 화분들을 넣고
용도를 잃고 방치되던 항아리의 뚜껑을 뒤집어 물을 채우고 초를 띄워봅니다.
발리 여행 때 구입한 부처님 촛대와 향 받침대, 규슈 여행에서 들고 온 작은 종지와
벼룩시장에서 저렴하게 업어온 시약병까
지 적당히 올려놓으니 화려하진 않지만
왠지 보고 있으면 편안해지는 공간이 만
들어졌습니다.

기존의 화장대 거울 또한 베란다 벽등 아
래에 걸어주었더니 빈티지로 리폼한 벽
등과 꽤 잘 어울립니다. 뭐든 '어울리는
자리'라는 게 있군요.
이곳을 '발리풍 힐링 스페이스'라고 부르
기로 했습니다. '재활용 목재'와 '힐링'이
라는 단어가 잘 어울리는 듯 해서 내심
스스로 뿌듯해하고 있습니다.

베란다 공방

거실 베란다와 연결된 안방 쪽 베란다를 좀 더 실용적으로 활용해보았습니다. 작업하다 남은 자투리 나무들과 공구들을 편하게 늘어놓고 간단한 작업도 할 수 있는 공간이 필요했거든요. 거실창을 통해 늘 시야에 들어오는 거실 베란다에 반해 안방 쪽의 베란다는 비교적 눈에 띄지 않는 공간이라 편하게 이용하고 있습니다.

신혼 집에서도 베란다 작업대로 쓰던 이케아 테이블을 놓고 소파테이블 리폼할 때
나온 상판으로 간이 뒷벽을 세워 전동공구들을 걸어주었습니다(정말 저란 남자는 웬
만하면 다 재활용하는군요).
이것이야말로 진정한 베란다 공방!
창고 문짝에는 여태껏 작업하면서 끄적였던 것들도 붙여 디자인과 아무 상관 없으
면서 디자이너 흉내도 한번 내보구요.
안쪽이 때론 지저분해지기도 하니 샤워커튼을 치듯 압축봉과 광목천을 이용해서
공간을 구분해 열고 닫을 수 있도록 합니다.
해가 지면 가끔 아이를 안고 나와 초와 향에 불을 켜고 베란다를 어슬렁거립니다.
거울에 비친 아빠와 자신의 모습에 꺄륵거리다가 수면 위로 일렁거리는 초를 신기
한 듯 바라보는 아이를 보노라면 지친 마음이 달달해지지요.

인테리어의 꽃,
수납과 장식

벽과 바닥을 정리하고 곳곳을 리폼했다면 깔끔한 인테리어는 거의 완성이다.
깔끔하지만 아직은 밋밋한 상태, 이제 나만의 개성을 더해보자. 바로 인테리어의 꽃,
수납과 장식 단계이다.

Andy Warhol
thank you
for being so nice

2012년 서울리빙디자인페어의 한 부스. 선반이 단순히 벽에 물건을 올릴 수 있는 패널이 아닌 공간을 이루는 가구로서의 역할도 할 수 있다는 것을 보여준다.

여러 종류의 선반 달기

선반은 간단한 작업으로 수납의 기능을 하는 동시에 선반 자체와 선반 위에 디스플레이한 물건들이 조화를 이룰 때 자칫 밋밋할 수 있는 빈 벽에 이야기를 불어넣는 하나의 디자인적 요소로 사랑받고 있습니다.

선반을 부착할 벽면의 상태, 선반의 형태와 선반 지지대에 따라 다양한 모습을 연출할 수 있습니다. 전셋집에 간단히 설치할 수 있는 몇 가지 선반을 소개합니다.

콘크리트벽에 찬넬 선반 달기

찬넬(Channel)은 레일 형태의 긴 철물을 벽에 평행하게 고정하고 홈에 날개를 끼워넣은 후 상판을 올려 선반의 기능을 하는 것을 말합니다. 다소 차가운 느낌이어서 집 내부에 잘 쓰진 않지만 적절하게 사용하면 모던하달까, 내추럴하달까 시크한 인더스트리얼 느낌을 낼 수 있는 것 같아요. 홈이 한 줄로 된 것과 두 줄로 된 것이 있습니다. 벽체 틈으로 매입해서 쓰면 더 깔끔하지요.

원래 선반을 하나 튼튼하게 달려면 기본으로 네 개 정도의 구멍을 뚫어야 하는데, 찬넬은 네 개에서 여섯 개 정도의 구멍만으로도 여러 개의 선반을 달 수 있습니다. 사용하면서 높낮이를 자유롭게 조절할 수 있는 장점도 있지요. 단, 콘크리트 등의 튼튼한 벽에만 달아야 합니다. 석고보드벽에 하중이 큰 선반을 달았다가는 맨 정신에 벽이 통째로 덤벼드는 장관을 경험하실 수도 있어요.

1. 적당한 길이의 찬넬 기둥과 필요한 만큼의 날개를 준비합니다. 전 을지로에서 구입했는데 인터넷에서도 구할 수 있습니다.

2. 먼저 레일을 고정하기 위해 벽에 구멍 뚫을 위치를 표시합니다. 저는 분해한 볼펜의 심을 좁은 구멍 틈으로 넣어 위치를 콕 찍어주었습니다.

3. 전동드릴의 드릴비트를 콘크리트용 날로 바꾼 후 스위치를 망치 모양으로 옮겨줍니다.

4. 집주인에게는 집에 어느 정도 손댄다고 미리 양해를 구했으니 과감하게 뚫습니다.

5. 여기에 나사로 고정하기 위해 칼블럭을 꽂습니다. 적은 하중의 뭔가를 고정할 때 석고보드 벽에는 석고보드용 앙카, 콘크리트 벽에는 칼블럭을 사용한다는 점, 꼭 기억하세요!

6. 망치로 칼블럭이 끝까지 들어갈 수 있도록 통통 칩니다.

7. 칼블럭에 맞춰 나사못으로 고정합니다. 레일 하나에 상판과 상판 위에 올릴 물건들의 무게를 고려해 최소 두 군데 이상은 고정해야겠죠.

8. 이제 날개를 끼웁니다.

9. 미리 재단해둔 상판을 올려 수평계로 수평을 맞추며 나머지 레일도 같은 방법으로 위치를 정해 고정합니다. 수평계는 스마트폰 애플리케이션에도 있습니다. 레일 두 개를 먼저 고정하고 상판을 올리면 수평이 맞지 않는 경우가 있어 저는 이 순서대로 하지요. 레일을 다시 고정하고 날개를 건 후 다리와 다듬어놓은 상판을 나사못으로 고정하면 완성.

콘크리트벽에 원목 선반 달기

찬넬이 작업에 비해 수납력이 좋긴 하지만 집 안에 같은 형태의 찬넬 선반을 또 설치하는 건
재미없는 일입니다. 아내의 작업 책상 위에는 가장 일반적인 형태의 선반을 달아볼까요?
선반지지대 두 개를 양쪽으로 벽에 붙이고 그 위에 선반을 올리는 방식입니다. 선반지지대의
종류에 따라 선반의 모습을 다양하게 연출할 수 있습니다.

1. 원목으로 된 선반지지대가 도드라지지 않게 먼저 벽과 같은 색으로 칠합니다.

2. 찬넬 선반을 달 때와 마찬가지로 벽에 구멍을 뚫고 칼블럭을 끼워넣은 후 선반지지대를 벽에 연결합니다.

3. 선반으로 쓰일 원목 합판을 올리고 선반지지대와 연결합니다.

석고보드벽에 장식 선반 달기

신혼집에서는 소파 뒤 공간을 낮은 선반과 신혼여행 사진으로 장식했는데 이번 거실엔 어떻
게 변화와 포인트를 줄까 고민하다가 결정한 CD 장식 선반입니다.
수납 역할보다는 장식 효과가 더 크긴 하지만 선반의 깊이에 여유를 두어 CD 30장 정도는
수납할 수 있고 최근에 자주 듣는 CD를 맨 앞으로 교체해주면 시기에 따라 자연스럽게 인테
리어에 변화를 줄 수도 있습니다.
요런 선반 어디 파는 곳 없나 여기저기 살펴봤는데 찾기 어렵더군요. 그래서 직접 만들어
설치했습니다.

> > > > > > >
소파 뒤 벽은 장식용 선반을 달기에 가
장 적절한 공간이다. CD나 가벼운 책을
올려둘 수 있는 폭이 좁은 선반으로 멋
진 공간을 연출했다.

1. 벽에 고정할 수 있고 CD가 밖으로 밀리지 않도록 턱이 있어야 하므로 단면은 ㄷ자 형태로, 길이는 소파 길이에 맞게 120cm로 합니다. 벽 쪽과 아랫부분은 힘을 받는 곳이라 삼나무 패널로, 밀림방지턱 부분은 큰 힘을 받지 않으므로 굽도리로 쓰다 남은 MDF를 적당히 잘라 사용합니다.

2. 나사못으로 고정하기 전에 목공 본드를 칠해주는 것이 좀 더 튼튼하게 만드는 방법이지요.

3. 이중드릴날과 나사못으로 짱짱하게 고정하고, 흰색 수성 페인트로 칠합니다. 바니시로 마무리해주는 게 좋고요.

4. 이제 벽에 붙여야죠. 고리를 달아서 걸어주는 방법도 있지만 깔끔하고 튼튼하게 붙이기 위해 몸체 자체를 고정합니다. 어디를 뚫을지 위치를 표시해주세요.

5. 이중드릴날로 나사길을 냅니다.

6. 나사못을 박아주는데 뒤로 나사못의 끝부분이 조금 튀어나올 정도로 조입니다.

7. 수평계로 수평을 확인하면서 위치를 잡아 나사못의 튀어나온 부분을 벽에 꾸욱 찍습니다.

8. 콕 찍힌 부분이 생기죠? 거기에 석고보드용 천공앙카를 박습니다. 석고보드는 쉽게 부스러지기 때문에 일반 나사못을 박거나 콘크리트용 칼블럭을 사용하면 위험합니다.

9. 앙카가 들어간 자리의 십자 부분에 나사못을 고정합니다. 앙카는 같은 방식으로 선반의 길이에 따라 두세 곳을 고정해주세요. 쇠가 아니라 무른 재질이기 때문에 나사못이 쉽게 잘 들어갑니다.

선반에 CD만 올려놓으란 법은 없습니다. 사진도 좋고 엽서도 좋고 일러스트 화보집도 좋고 친구가 무서워하던 요시토모 나라의 뾰로통한 얼굴 일러스트도 좋지요. 음악을 소장하기보다는 저장하기 시작하면서 잊고 지낸 케이스를 열어 CD를 플레이어에 올려놓는 기분 좋은 조심스러움과 설렘이 되살아납니다.
좋은 디자인의 플레이어에서 나오는 좋은 음악이 공간을 채울 때 현실은 세 배쯤 더 아름다워 보이지요.

액자로 벽에 포인트 주기

전셋집의 벽에는 과감한 포인트를 주기 힘든 게 현실입니다. 상태가 어지간하면 기존의 벽지를 그대로 쓰는 분들도 많고요.

도배를 새로 하거나 페인트를 칠한다고 해도 어느 정도 과감함과 컬러 센스 없이는 벽에 포인트를 주는 건 시도하기 힘들뿐더러 멀쩡한 벽에 이게 뭔 짓이냐는 핀잔을 듣기 십상이지요.

이럴 때 선택할 수 있는 방법이 바로 사진이나 그림을 활용해 인테리어에 포인트를 주는 겁니다. 과감하게 못 하나만 박으면, 또는 잔머리 굴려서 벽에 못을 박지 않으면서도 허연 벽에 나만의 개성을 살릴 수 있으니까요. 살면서 적당한 위치에 옮겨 달거나 새로운 것들로 교체하면 간단하게 분위기를 바꿀 수도 있고 이사 다닐 때도 쉽게 떼어갈 수 있으니 이런 변화무쌍한 아이템은 없지요.

먼저 아래 사진의 벽에 걸린 그림은 일본 뮤지션 'Free TEMPO'의 앨범 'Life' 구매 시 증정했던 한정판 포스터입니다. 당연히 공짜지요. 액자는 이케아 제품입니다. 처형의 방은 콘크리트못을 박아 깔끔하게 액자를 걸었지만 세입자로서 액자를 걸 때 벽에 못을 박는 것이 부담스럽다면 갤러리나 상업 공간 등에서 주로 이용하는 와이어걸이를 이용해보세요. 와이어걸이가 없다면 적당한 실이나 끈 등으로 대체해도 좋고요.

벽이 아닌 천장 몰딩에 고정해서 벽에 손상을 주지 않고 액자를 거는 방법도 있습니다. 몰딩을 흰색으로 페인트칠한 경우에는 나중에 흰색 실리콘이나 메꿈이 등으로 구멍을 메운 후 다시 칠해주면 감쪽같겠죠.

주방 협탁 위의 그림은 앤디 워홀의 'A Gold Book'(1957)의 카피입니다. 아트 와이즈라는 아트 포스터 전문 숍에서 거금 17만 원 정도에 구입했는데 지금은 팔지 않네요.
액자는 결혼 당시 웨딩플래너가 웨딩사진용 액자를 만들어준다고 한 걸 대신 대형 빈 액자를 달라고 해서 받은 선물입니다. 따로 못을 박지 않고 초인종 스피커에 걸어 못난이 초인종 스피커도 가려주었지요.

오른쪽 사진 속 현관 입구의 시저집사 그림은 몇 해 전 일본 여행 때 후쿠오카의 'Loft'라는 잡화 쇼핑몰에서 기억은 가물가물하지만 꽤 저렴하게 구입해 비닐 백에 넣은 채 비행기를 타는 수고를 거쳐서 밀반입한 것입니다.
액자는 역시 이케아 제품이구요. 현관 입구라 깔끔하고 튼튼하게 고정하는 게 좋을 것 같아 과감히 못 한 방 박았네요.

상계동 친구집의 액자는 포스터하우스라는 포스터 전문 쇼핑몰에서 액자형 패널까지 포함해 6만~7만 원 정도에 구입한 것입니다.
크리스마스 즈음에 붙여놓았던 침실문의 앙증맞은 포스터는 안국동 카페 'mmmg'에서 커피 마시다가 벽에 붙어 있던 게 마음에 들어 물어봤더니 단돈 2500원에 판다고 해서 종류별로 구입했던 거구요. 저희 딸아이가 좋아해 꽤 오래 붙여놓았죠.

1

> > > > > > >

1. 일본 여행에서 구입한 시저집사 그림은 현관에 걸어두었다.

2. 상계동 친구집에는 집 안 분위기에 맞춰 색감이 화사한 포스터를 붙였다.

3. 아기가 생활하는 공간인 안방에는 동화책 속에 나올 듯한 귀여운 일러스트 포스터를 붙였다.

자, 이쯤 되면 슬슬 제품 정보에 대한 기대에 찬 얼굴이 일그러지며 '뭐야 이게~ 쉽게 살 수 있는 건 별로 없잖아!' 하고 실망하실지도 모릅니다.

엡! 쉽게 살 수 있는 싸고 간지 나는 물건은 '꼬실 수 있는 나밖에 모르는 훈남이나 베이글녀' 같은 겁니다. 이 세상에 별로 없지요. 어디서나 흔히 보이는 포스터나 그림들은 쉽게 구할 수 있는 만큼 또 뻔한 아이템일 수밖에 없습니다. 포인트를 주기 위한 아이템이 뻔해지면 공간 자체도 재미가 없어지겠죠. 그렇다고 무조건 고가이거나 외국에서 번거롭게 공수해와야 한다는 말씀은 아닙니다. 소개해드렸듯이 공짜 포스터도 있고 단돈 2500원짜리 포스터도 있으니까요. 때론 A4 용지에 글자나 그림을 인쇄하는 것처럼 직접 만드는 방법도 있을 겁니다.

존 레논과 오노 요코가 반전 메시지를 전하며 만든 아래 포스터는 큰돈을 들이지 않고도 어렵지 않게 만들어볼 수 있을 것 같네요. 거기다 의미도 멋지지 않습니까!

저희 신혼집의 소파 뒤처럼 신혼여행 사진들을 벽에 불규칙하게 붙여두는 방법도 있고요. 아이가 있는 집이라면 아이들이 스케치북에 그린 그림도 액자에 넣으면 아이 방을 꾸미는 훌륭한 아이템이 될 수도 있을 겁니다.

벽을 사진과 그림 등으로 꾸며 포인트를 주는 방법은 무궁무진합니다. 중요한 건 언제나 관심 그리고 실천이지요. 전시회든 영화제든 카페든 소품점이든 눈에 띄는 포스터만 봐도 '이거 혹시 파나요', '구할 수 없을까요' 하고 물어볼 수 있는 두꺼운 낯짝과 발품이 괜찮은 포스터 득템의 비결이라면 비결입니다.

앞서 말씀드린 아트 와이즈와 포스터하우스 이 두 포스터 판매 사이트만 샅샅이 뒤져봐도 쓸 만한 포스터들이 상당히 많기도 하구요. 그러니 잠시나마 큐레이터가 된 기분으로 괜찮은 사진이나 그림 한번 찾아보시는 건 어떠신지요. 판촉물로 받아온 기업체 달력은 이제 그만 떼어버리시고요.

꼭 기성품으로 액자를 만들라는 법은 없지요. 신혼집의 죽부인 포인트에 이어 침대 헤드 쪽의 벽에 어떻게 포인트를 줄까 고민하다 직접 찍은 사진을 걸기로 했습니다. 140×90cm짜리 대형 사진을 사용했습니다. 벽에 못을 박는 대신 천장 몰딩에 걸어주면 나중에 떼어내더라도 백색 실리콘 정도로 쉽게 구멍을 메울 수 있습니다.

1. 런던 신혼여행 때 세인트폴 대성당 옥상에서 템스 강 너머 테이트모던 갤러리를 바라보며 찍은 사진을 흑백 전환하고 와이드한 느낌을 주기 위해 옆으로 살짝 늘인 후 명암을 조절해서 비네팅 한방 먹입니다. 무료로 다운받아 쓸 수 있는 포토 스케이프 정도면 간단히 보정할 수 있습니다. 사이즈를 정해 제작 업체에 파일을 보내면 패널까지 만들어줍니다(제작 업체는 칼라굿).

2. 와이어액자걸이를 이용해 벽이 아닌 몰딩에 걸었더니 갤러리 같은 느낌이 납니다.

밋밋한 소파를 쿠션으로 장식해보자. 패브릭 쿠션은 계절에 따라, 선호하는 스타일에 따라 간단하게 분위기를 바꾸는 소품으로 적절하다.

나만의 소품 만들기

가죽 쿠션 만들기

한번 구매하면 천갈이를 하지 않는 한 변화를 주기 힘든 소파의 경우 쿠션을 교체해줌으로써 그때그때 색다른 느낌을 줄 수 있습니다.

요즘은 북유럽 스타일의 인테리어가 유행이죠. 전체적인 분위기를 바꿀 순 없지만 쿠션으로 간단히 포인트를 줄 수 있습니다. 북유럽 하면 순록이지요(사슴 아닙니다. 루돌프 아니에요!). 가죽 순록 쿠션 한번 만들어봅니다.

물론 쿠션을 전부 만들진 않습니다. 사실 이건 95% 이상 아내의 손길로 완성! 집 꾸밈에도 궁합이 중요합니다. 부부가 모두 만족해야 하기 때문에 충분히 의견을 나누는 편입니다. 저는 가구에, 아내는 패브릭에 관심이 있으니 현정화 유남규 이후 최고의 복식조!

1. 가죽 원단을 구입해 전용 펜으로 뒷면에 그림을 그립니다.

2. 러프한 느낌으로 스윽슥 잘라냅니다.

3. 쿠션의 뒷면은 통가죽으로, 앞면은 요렇게 리넨 바탕에 가죽으로 순록 모양이 들어갑니다.

4. 아이가 태어나기 전 아내가 태교 삼아 손바느질로 만들었습니다.

5. 순록 모양을 따라 스티치를 넣어줍니다.

6. 나머지 부분은 일반적인 쿠션 커버를 제작하는 방법으로 만들면 됩니다. 뒷면에 쿠션을 넣고 뺄 지퍼를 달고 앞뒷면을 이어 붙이면 완성.

헌팅 트로피(Hunting Trophy) 만들기

북유럽의 인테리어를 동경하며 오래전부터 로망이었던 인테리어 소품이 하나 있었습니다. 바로 헌팅 트로피, 동물의 머리를 박제해놓은 거지요.

거실 한편에 헌팅 트로피 하나 걸려 있다면 얼마나 다이내믹하고 내추럴하며, 마치 어린 시절 아버지를 따라 안개 자욱한 자작나무숲으로 들어가 엽총을 들고 2박 3일 생라면을 씹어 먹으며 헤매다 발견한 사냥감을 처절한 사투 끝에 포획한 추억이 서린 듯 낭만적으로 보일까요.

근데 요게 또 좀 찝찝합니다. 왠지 살생을 기념하는 듯한 꺼림칙한 느낌에 실제로 보니 사진으로 봤을 때와는 다르게 좀 음산한 기운이 있네요. 그도 그럴 것이 목 잘린 순록이 눈을 시퍼렇게 뜨고 있거나 해골을 허옇게 드러내고 있으니… 밤에 화장실 가다 마주치면 애써 외면할 것 같습니다. 거기다 비싸긴 또 왜 이렇게 비싸나!

그러던 중 저와 같은 로망을 가지고 있으나 또한 같은 고민을 하고 있는 이들을 위한 대안을 발견합니다. 바로 헌팅 트로피 모형입니다.

헌팅 트로피 모형은 직물부터 철물, 목재, 플라스틱까지 각각의 특성을 살린 다양한 재료로 저마다 개성 있는 모습으로 만들어지고 있었습니다. 하지만 소위 디자이너의 제품이라는 이유로 심지어 골판지로 만든 것마저 10만 원을 호가하는 걸 보니 한번 만들어보지 않을 수 없네요.

삼청동의 한 빈티지 숍에서 발견한
헌팅 트로피와 헌팅 트로피 모형.

중·고등학교의 교과목에 당당히 포함되어 있었으나 국영수에 밀려 괄시받았던 공교육 미술 시간의 한, 그리고 재수까지 해서 들어간 대학 시절 과제를 위해 그토록 많은 우드락을 잘라 댔으나 전공을 살리지 못한 한을 펼쳐봅니다.
우드락 헌팅 트로피는 양면테이프로 붙일 수 있을 만큼 가볍기 때문에 벽에 구멍 뚫을 필요 없이 어디든 붙일 수 있으니 이거야말로 환상적인 전셋집 오브제!
우드락은 다양한 두께와 컬러가 있고 젯소를 칠한 후에는 다른 컬러로 색다르게 표현해볼 수도 있습니다. 좀 더 고급스러운 느낌으로는 폼보드나 합판을 사용해도 좋으니 세상에 하나뿐인 친환경 헌팅 트로피에 한번 도전해보세요. 선글라스를 씌우거나 귀걸이, 목걸이, 혓바닥을 달아준다면 당신은 센스쟁이!

1. 집에 있는 사슴 모형을 참고해 3T(3mm) 우드락에 옆모습을 유추해 그려봅니다. 우드락은 일정한 두께의 판 형태로 만든 스티로폼이라고 생각하면 됩니다. 모형 제작에 많이 쓰이고 알파문구 등 미술용품 취급점에서 구입할 수 있지요.

2. 흔히 사용하는 45도 칼날보다 30도 커터칼날을 사용하면 곡선을 자르는데 더 용이합니다.

3. 커팅 매트 위에서 선을 따라 잘라냅니다.

4. 일정한 간격으로 두께인 3mm 폭으로 홈을 팝니다.

5. 목에서 얼굴을 거쳐 코까지 홈에 끼워넣을 수 있는 단면을 만들어줍니다. 다양한 사진 자료들을 참고하면서 이 정도 위치에서의 단면은 어떨까 유추해보는 게 중요합니다.

6. 전체적인 모습을 살펴보며 뿔과 베이스 등을 완성해갑니다. 벽에 붙일 베이스는 군 시절 사단 마크였던 방패의 형상을 참고해 만들었지요.

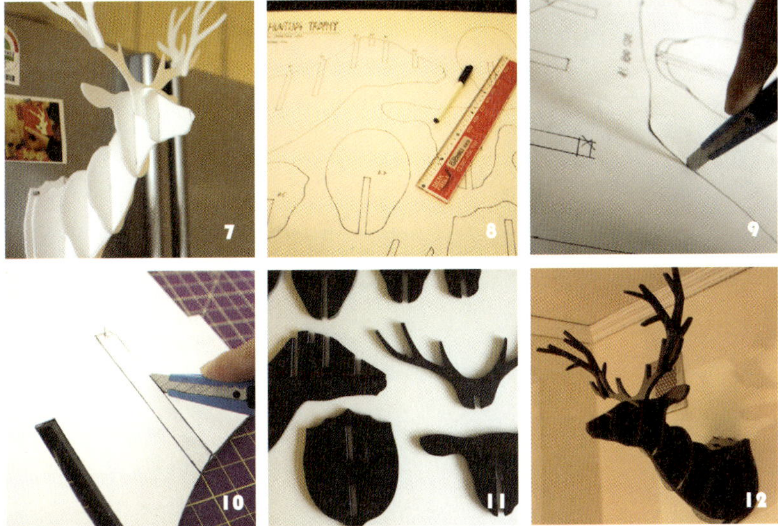

7. 목업(Mock-up) 모형이 완성되었습니다. 냉장고에 자석으로 한번 붙여보니 슬슬 설레기 시작합니다.

8. 목업 모형을 다시 분해해 종이에 대고 정확한 부품도를 그려봅니다. 너무 얇으면 휠 수 있어 10T 우드락으로 만들 계획이기에 홈의 간격을 10mm로 그려주었습니다.

9. 이 부품도를 10T 우드락 위에 대고 선을 따라 잘라줍니다.

10. 끼워 맞춰야 할 홈도 꼼꼼하게 잘 파줍니다. 재료의 두께에 따라 홈의 너비를 조절하면 다양한 재질과 두께로도 도전해볼 수 있겠지요.

11. 모든 부품이 준비되었습니다.

12. 순서에 맞게 끼워 맞추면 완성.

벽을 칠하고 타일을 바르고 조명을 바꾸고…. 이것저것 안 건드리는 부분이 없습니다. 사실 DIY나 리폼이 꼭 그리 거창해야 되는 건 아닌데 말이지요.
왠지 누군가의 핀잔처럼 쉽지 않은 그림을 그려놓고 '참 쉽죠잉~' 하며 염장을 지르는 밥 아저씨 노릇을 하고 있는 게 아닌가도 싶어 쉬어가는 기분으로 초간단 리폼 몇 가지를 소개합니다.

쓰레기통 리폼하기

신혼 초에 같은 컬러에 크기별로 세 개를 세트 구매한 철제 쓰레기통이 있습니다. 지나고 보니 은수저도 아니고 쓰레기통이 웬 세트인가 싶어요. 집 분위기에 맞게 빈티지한 느낌으로 리폼하기로 합니다.

1. 이런 똑같은 쓰레기통이 세 개라니 재미없어요.

2. 스프레이를 뿌리기 전에 사포로 샌딩합니다. 표면에 미세한 흠집을 내 스프레이의 점착성을 높이기 위해서입니다.

3. 스프레이를 고르게 뿌립니다.

4. 스프레이가 마르면 사포로 요철 부분을 군데군데 벗겨내 자연스러운 흠집을 만듭니다.

시계 리폼하기

아래 사진 속 시계는 작년 크리스마스 때 친구 부부들과 선물 놓고 선물 먹기 결과 얻은 물건
이죠. 아마 친구가 대형 마트에서 대충 집어왔던 걸로 기억합니다. 신혼집에는 화사하고 컬
러풀한 게 나쁘지 않았습니다만 썩 마음에 드는 것도 아니어서 리폼 결정!
쓰레기통의 경우야 한꺼번에 칠해주기만 하면 됩니다만 대부분은 약간의 선작업이 필요합
니다. 스프레이 리폼의 기본은 색칠할 부분을 얼마나 잘 분해하느냐와 스프레이가 묻지 말아
야 할 부분을 얼마나 잘 보호해주느냐거든요. 이 경우는 전자입니다.

1. 벽시계야 뭐 복잡한 구조일 리가 있나요. 초등학생도 분해할 수 있습니다.
2. 런던의 오래된 사무실에 무심하게 걸려 있는 듯한 느낌으로 바꾸기로 했습니다. 샌딩 후 은색 스프레이를
흘러내리지 않게 고르게 뿌립니다.
3. 시곗바늘에는 검은색을 뿌린 후 신문지에 묻은 검정 스프레이를 아까 뿌려두었던 벽시계의 바깥쪽에 자
연스럽게 스윽슥 문질러 마치 기름때나 녹 등 세월의 흔적이 묻은 느낌을 냅니다.
4. 다시 조립해서 걸면 끝. '런던의 오래된 사무실에 걸려 있는 듯한 벽시계' 완성입니다!

간접조명으로 화룡점정!

인테리어의 마무리는 간접조명이라고 생각합니다. 영화와 드라마 속에서 멋드러진 주인공들
이 사는 집의 공통점은 여기저기 조명이 많다는 것이죠. 카페나 음식점도 마찬가지입니다. 허
연 형광등 하나만 뎅그러니 켜놓으면 어느 정도 신경 쓴 집도 인테리어가 살아나기 힘들어요.
전셋집의 경우 전기공사를 하기란 사실상 불가능하기 때문에 전등을 교체했다고 하지만 역
시 적절한 공간마다 간접조명은 꼭 필요합니다. 직접 만들거나 리폼을 통해 새롭게 태어난
간접조명으로 화룡점정을 찍어봅니다.

소파 옆 장스탠드

장스탠드를 하나 갖고 싶었습니다. 여기저기에서 좋은 스탠드들을 찾아볼 수 있었지만 저는
나무 다리가 세 개 달린, 갓이 커다란 스탠드가 욕심이 났습니다. 전등갓은 을지로의 조명 가
게에서 맞추고, 헬스장에서 흔히 볼 수 있는 스트레칭 봉으로 다리를 만들기로 했습니다.

1. 전등갓의 크기는 지름 45cm, 높이 25cm입니다. 스트레칭 봉은 인터넷에서 구매할 수 있습니다.

2. 다리 끝이 정삼각형이 되도록 세웁니다. 아내의 머리끈 하나면 어느 정도 고정이 되는군요.

3. 글루건으로 다리를 고정시킵니다. 튼튼하고 깔끔하게 고정시키기 위해서는 글루건만으로는 접착 부위가
약하므로 순간접착제로 보강합니다. 접착제와 글루건이 마르면 머리끈을 자르고, 전등갓을 나무 다리 위에
적당히 올려 수평을 맞춰 또 글루건으로 고정시킵니다. 노끈으로 몇 번 더 감아 순간접착제로 한 번 더 고정
하면 튼튼하면서도 자연스러운 질감이 멋스럽지요.

4. 미리 만들어놓은, 코드가 연결된 전구를 구멍 안에 적당히 자리 잡고 전선을 보이지 않는 쪽 다리 방향에
케이블타이로 잡아주면 완성.

이것이 진정한 빈티지 램프다!

간접조명은 빛 자체에도 의미가 있지만 조명 기구 자체의 디자인도 중요합니다. 항상 불을 켜놓는 건 아니니까요. 공간의 한 자리를 책임지는 하나의 소품으로서 그 몫이 큽니다. 그래서 빈티지등을 하나 구입했습니다.

아실 만한 분은 다 아시는, 빈티지 인테리어에 관심 있으신 분이라면 한번쯤은 보셨을 프랑스제 빈티지 램프입니다. 네, 바로 그 지엘드 램프! 이태원 빈티지 숍에서 70만 원에 구입했지요.

죄송합니다. 거짓말입니다!

국내 모 사이트에서 중국산 카피 제품을 카피해서 버젓이 팔고 있네요. 인테리어 블로거가 카피품을 구입하다니! 이건 패션 블로거가 동대문에서 짝퉁 가방 사서 자랑하는 것만큼 우스운 일이긴 한데 뭐 어차피 전 저렴하게 그럴듯한 전셋집 인테리어를 해보자는 입장인 만큼 민망함은 고이 접어 잠시 묻어둡니다. 그 대신 B급 짝퉁 티 팍팍 나는 너에게 묵직한 A급의 영혼을 불어넣어 주리라!

스프레이 리폼 과정을 거쳐 완성한 램프는 침실 침대 헤드에 놓고 간접조명으로 활용하고 있습니다. 가리지널이 아무리 애써봤자 오리지널이 될 수는 없지만 그래도 '이건 세상에 하나밖에 없는 가리지널이얏!' 하고 자신감을 가져 봅니다.

1. 빈티지 느낌과는 거리가 먼 검은색 표면 위에 은색 스프레이로 밑색을 '적당히' 뿌립니다.

2. 기본 색인 검정을 어느 정도 살려줄 것이기 때문에 완전히 은색으로 덮지 않고 밑으로 검은색이 비칠 정도로만 뿌렸지요.

3. 이 정도만으로도 처음 구입했을 때보다 훨씬 멋스럽네요.

4. 좀 더 진품 느낌을 내기 위해 관절 부분을 랩으로 감쌉니다. 감싼 부분을 제외하고 검은색으로 한 번 더 스프레이를 칠해서 투톤 느낌을 줄 겁니다. 마스킹 테이프가 아닌 랩으로 감싼 이유는 테이프를 떼어낼 때 칠이 벗겨지는 걸 방지하기 위해서입니다.

5. 중간과 아랫부분까지 세 개의 관절을 모두 감싼 후 밑색인 은색을 칠할 때와 같은 방법으로 검은색 스프레이를 조금씩 뿌립니다.

6. 잘 마르길 기다렸다가 두근거리는 마음으로 랩을 벗겨내면 완성입니다. 색칠 끝내고 보호지를 벗겨낼 때의 두근거림이란!

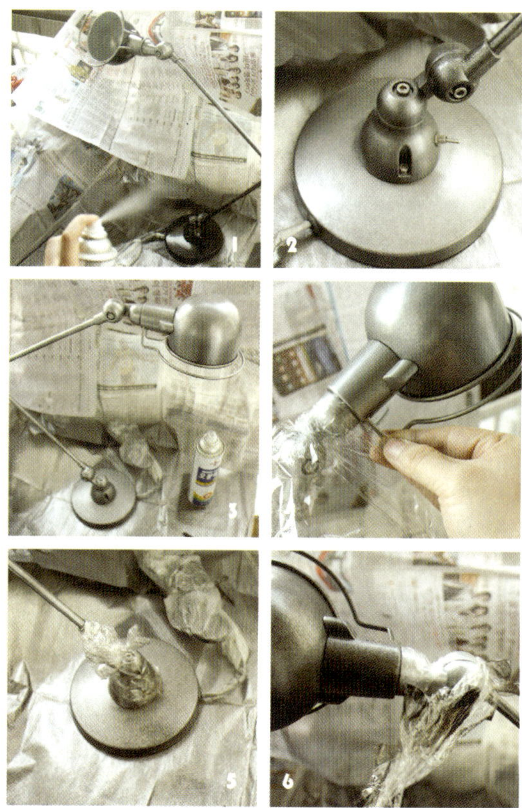

A4용지 12장으로 만드는 스칸디나비아풍 조명

대림미술관의 '핀 율 탄생 100주년전'에 전시되었던 aA 김명한 대표의 '컬렉터의 다락방'에 걸려 있는 펜던트 램프가 기억에 남습니다. 덴마크의 노먼코펜하겐이라는 리빙 브랜드 회사에서 판매하는 'NORM69' 펜던트 조명으로 69개의 유닛(Unit)을 직접 조립하는 스타일이지요. 크기에 따라 20여 만 원에서 50만 원이 훌쩍 넘는 가격입니다. 언젠가 천장이 높은 복층형 집에라도 살게 되면 한번 돌이켜 떠올려볼 만한 멋진 디자인, 못된 가격. 나쁜 남자 같은 등입니다.

그리고 보니 생각나는 펜던트 조명이 또 있습니다. 디자이너 황병준의 'STAR12'라는 조명! 이름에서 짐작할 수 있듯이 12개의 부품을 조립해 만드는 조명이지요. 이전에 이 등의 구성 원리를 보여주던 영상에 대한 기억을 더듬어가며 한번 만들어봅니다.

발리에서 사올 필요도 없고 가리지널 램프에 스프레이를 뿌리지 않아도 되는 달랑 A4용지 12장으로 직접 만드는 디자인 조명입니다.

북유럽 스타일 인테리어에서 빠질 수 없는 여러 가지 조명.

1. A4용지 12장과 스테이플러를 준비합니다. 저는 크라프트지 A4용지를 사용했습니다. 일단 반을 접습니다.

2. 다시 편 다음 뒤집어서 접힌 부분의 1/3 지점에 양손의 엄지를 대고 양쪽을 들어 올립니다. 이런 모양이 되게요.

3. 접힌 상태로 들어 올려져 맞닿은 부분을 살짝 겹치게 해서 스테이플러로 찍어주세요.

4. 요렇게 리본 모양의 부품을 12개 만듭니다.

5. 이제 나란히 붙여서 사진의 엄지와 검지 부위를 스테이플러로 연결해요. 위아래 모두 하는 게 아니라 한 부분만이요.

6. 같은 방식으로 네 개를 연결합니다.

7. 첫 번째와 네 번째를 만나게 해서 위에서 보면 네 잎 클로버와 같은 모양이 되게 연결합니다. 이 구성을 중심으로 위에서 보면 사진처럼 네 개의 조각이 연결되게 합니다.

8. 옆에서 보면 세 개의 조각이 연결되게 주욱 스테이플러로 붙여나갑니다.

9. 그러다 보면 사진과 같이 완성.

전구 표면의 열이 종이에 닿지 않는 방법에 대해 'STAR12'의 디자이너인 황병준 님은 작은 크기의 삼파장 램프를 추천했습니다. A4용지로 만들 때 중간에 생기는 공간에 전구가 닿지 않기 때문이지요.

삼파장 램프는 일반 백열등에 비해 가격이 비싸긴 하지만 내구성이 강하고 전기료도 저렴해 경제적이고 친환경적이죠. 주광색(형광등색)과 전구색(백열등색) 모두 있기 때문에 백열등 특유의 노란빛을 선호하는 분들도 선택할 수 있습니다. 손도 못 댈 정도로 뜨거운 백열등에 비해 표면 온도도 훨씬 낮기 때문에 안전합니다.

그래도 혹시나 걱정되신다면 집에 굴러다니는 유리병이나 작은 유리컵 등 전구보다 약간 큰 유리 제품을 찾아 철사로 엮어 소켓과 연결해서 쓰는 방법도 있겠습니다. 또는 더 센스 있는 방법을 고민해보세요!

자~ 그럼 언제나 두근거리는 점등식! 조명은 불을 켜봐야 제 맛!

기존의 조명을 빼고 달거나, 전등이 없을 땐 전기공사 없이 조명 설치하는 방법(148p)을 참고하세요.

거실에는 햇살이 볼떼기처럼 뽀얗게 빛나는 청순한 화이트 꽃등. 침실에는 붉게 이글거리는 후끈한 욕망의 크라프트 꽃등으로 달아봤습니다.

각각의 조각이 벌어지지 않게 고무줄로 보강하고 전구 표면의 열이 그대로 종이에 닿지 않도록 하면 웬만한 조명 못지않은 멋진 등이 될 것 같습니다.

A4용지 말고 다른 종이나 기타 얇은 재질의 재료로 시도해보는 것도 괜찮을 것 같습니다. 스테이플러가 아닌 아일릿 펀치로 연결하면 훨씬 깔끔하고요. 언제나 그렇듯 정해진 대로만 하라는 법은 없으니까요.

여기까지 읽으시고 서랍에서 스테이플러와 이면지를 꺼내셨다면 당신은 행동가!

> > > > > > >
흰색 A4지로 만든 조명(위)과
크라프트지로 만든 조명(아래)

공간에 딱 맞는
DIY 가구

맞춤 가구 만들기
A to Z

내가 원하는 스타일로, 필요한 공간에 딱 맞게 만들어보는 맞춤 가구. 어디에서도 볼 수 없는 세상에 단 하나뿐인 가구라 더욱 특별하다. 블로그에 올라온 가구 만들기에 대한 질문을 토대로 원목의 종류와 공구, 구입처 등을 정리했다.

DIY를 통해 기성품에서는 찾을 수 없는 매력을 찾다

가구를 직접 만드는 이유에는 가격적인 면도 있지만 가장 큰 이유는 원하는 디자인과 사이즈로 세상에 하나뿐인 나만의 맞춤형 가구를 가질 수 있다는 점입니다. 특히 어떤 공간에 딱 어울릴 만한 가구를 머릿속에 그려놓았는데 기성품에서는 찾을 수 없을 때, 잡지와 인터넷에서 본 유럽 어느 집에 놓인 가구가 정말 마음에 드는데 구할 방법이 없을 때 직접 만든 가구가 해결사 노릇을 해주곤 합니다.

원목 가구란?

원목이란 제재목, 즉 통나무를 제재소에서 적당한 두께로 켜놓은 목재를 말합니다. 하지만 흔히 DIY에 쓰이는 원목은 집성목을 일컫습니다. 집성목은 나무 조각들을 나란히 이어 붙여 필요한 크기로 만든(집성한) 목재입니다. 집성목을 판재로 가공한 것을 집성판재, 각재로 가공한 것을 집성각목이라고 부릅니다. 그러니 우리가 흔히 말하는 원목 가구들은 대부분 집성목으로 만들어진 가구라고 보면 됩니다.

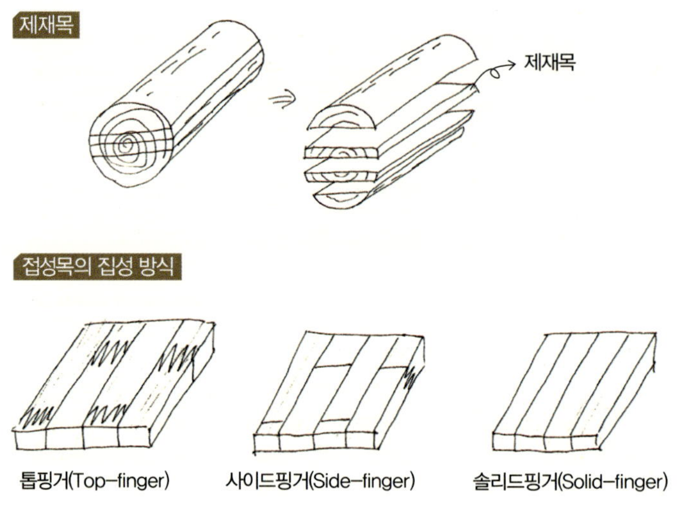

집성 방식

집성목을 가공할 때 나무 조각을 이어 붙이는 방식에 따라 톱핑거(Top-finger)와 사이드핑거(Side-finger), 솔리드핑거(Solid-finger)로 나눌 수 있습니다. 톱핑거는 상판에서 봤을 때 손가락을 깍지 낀 듯한 모양이 나오도록 접합한 집성 방식이고, 사이드핑거는 측면에서 깍지 낀 듯 접합함으로써 상판은 마루처럼 보이도록 하는 집성 방식입니다. 솔리드핑거는 길게 자른 원목을 옆으로 나란히 붙여준 집성 방식으로 상판에서 보이는 접합 부위가 가장 깔끔합니다. 물론 가장 비싼 방식이지요.

원목의 종류

수많은 종류의 집성목이 있지만 주로 쓰이는 수종으로는 소프트우드인 소나무(미송), 스프러스, 레드파인(홍송), 삼나무와 하드우드인 오리나무, 물푸레나무(애쉬), 자작나무 등이 있습니다. 각 수종마다 가격, 경도, 비중, 무늬, 색감 등이 모두 다르니 가구의 용도와 취향에 따라 수종의 특성을 확인하고 선택하는 게 좋습니다. 개인적으로 가장 자주 사용하는 목재는 톱핑거 방식의 미송 집성목입니다. 집성면이 눈에 띄는 게 단점이지만 밝고 유려한 나뭇결에 비해 저렴한 가격으로 소프트우드치고는 견고한 목재라 DIY 가구의 입문용으로 부담이 없습니다.

> > > > > > >
다양한 종류의 목재 샘플들. DIY 목재 전문 만들고(www.mandulgo.com)에서는 무료로 목재 샘플을 신청할 수 있다.

 직접 집을 꾸미고 가구를 만들려면 어떤 공구가 필요한가요?

A. 기초적인 DIY에 꼭 필요한 공구만 살펴보자면 '전동드릴'과 '드릴비트', '나사비트' 그리고 '목심절단용 톱' 정도입니다.

전동드릴은 전선으로 전원을 공급하는 유선 방식과 배터리를 충전하는 무선 방식이 있는데 작업량이 많은 분들이 두 가지 모두 사용하고 있습니다.

보통 유선 방식은 구멍을 뚫는 '드릴비트'를 연결해서 드릴로 쓰고, 무선 방식은 나사를 조이는 '드라이버비트'를 연결해서 드라이버로 쓰는 게 일반적입니다. 두 가지 모두 구입하기 부담스러우면 한 개만 구입해 부지런히 드릴비트와 드라이버비트를 교체해가면서 써도 무방합니다. 단 비트를 교체하는 데 번거롭고 그만큼 시간이 많이 걸리겠죠? 저 역시 처음에는 유선형 전동드릴 하나만 사용하다가 뒤늦게 무선형 전동드릴을 추가로 구매했습니다.

제가 처음 구입한 드릴은 ES산전(구 LG산전)에서 나온 유선 방식 전동드릴(D910)이고 나중에 추가로 구입한 것 역시 ES산전에서 나온 무선 방식 전동드릴(L110)입니다(충전기는 별도 구매). 좋은 드릴이야 많겠지만 대중적인 가격과 왠지 LG라는 브랜드네임에서 오는, AS가 좋을 거라는 지나치게 막연한 기대감이 구매 이유라면 이유입니다. 써본 결과 아직 AS를 받은 적도 없고 큰 불만 또한 없습니다. 다만 'L110'의 경우 배터리 크기에 비해 배터리가 금방 닳는 단점이 있네요. 사연이 있는 공구라 바꿀 계획은 없고 부지런히 충전해가며 사용할 계획입니다.

드릴비트와 나사비트는 말 그대로 드릴날, 나사 조이는 날입니다. 무선 방식 전동드릴에는 나사비트가 포함되어 있는 경우도 있지만 확인해보고 없으면 추가 구매하셔야 합니다.

드릴날은 향후 필요에 따라 여러 가지 날을 구입할 수도 있겠지만 꼭 필요한 건 콘크리트날 6밀리미터와 목재용 이중드릴날 8밀리미터입니다. 콘크리트벽에 나사못을 박을 때 해머 기능이 있는 전동드릴로 먼저 직경 6밀리미터의 구멍을 뚫고 그 구멍에 칼블럭을 꽂은 후 나사못을 조여주는데 이때 필요한 게 콘크리트날 6밀리미터이구요. 목재에 나사못을 박을 때 구멍을 계단형으로 뚫은 후 나사못을 조이고 못머리 부분을 직경 8밀리미터의 목심으로 가려주면 깔끔합니다. 이때 필요한 게 이중드릴날 8밀리미터입니다. 이 두 가지만 있어도 웬만한 작업은 하실 수 있을 겁니다.

목심절단용 톱은 플러그커터라고도 하는데 말 그대로 목심으로 나사 구멍을 막아준 후 삐져 나온 목심을 깔끔하게 잘라내는 탄성이 좋은 톱입니다. 보통의 톱은 톱날이 어긋나 있어 목심뿐 아니라 목심을 박아준 목재 자체에도 상처를 주기 때문에 전용 톱이 필요합니다.

소박하게 시작한 공구들이 어느새 이것저것 늘어갑니다. 공구 부자님들에 비하면 조촐하기 짝이 없는 수준이지만요. 이 공구들을 한꺼번에 모두 구입하셔야 하는 건 아닙니다. 직소기나 전동샌더 같은 전동공구는 분명 작업에 편리하긴 하지만 없다고 작업이 불가능하진 않거든요. 때론 간단한 작업에는 수동샌더나 재래식 톱이 오히려 편할 때도 있으니까요. 그러니 필요할 때마다 하나씩 추가로 구입하시는 걸 추천합니다.

① 각종 나사못

목재의 두께와 용도에 따라 다양한 나사못이 사용됩니다. 패트병을 잘라 종류별로 구분해주면 필요한 나사못을 쉽게 확인하며 쓸 수 있습니다.

②직소(BOSCH의 'GST 75 BE')

직소는 목재를 곡선이나 경사지게 자를 수 있는 전기톱입니다. 직선으로 곧게 자르기에는 어느 정도 숙련도가 필요하지만 테이블톱이나 원형톱에 비해 저렴하고 휴대와 사용이 편리해 유용한 전동공구입니다.

③전동샌더(BOSCH의 'GSS 23 AE')

사포를 적당한 크기로 잘라 고정해 본체의 회전력을 이용해 샌딩을 편하게 해줄 수 있는 전동공구입니다. 집진기가 달려 있지만 실내에서 사용할 때는 진공청소기를 추가로 연결해 먼지 발생을 줄일 수도 있습니다.

④실리콘총

실리콘총에 사용하는 실리콘은 수성 실리콘과 유성 실리콘, 곰팡이방지 실리콘이 있습니다. 수성 실리콘은 페인트칠이 가능하다는 장점이 있지만 방수 기능이 떨어지는 단점도 있습니다. 유성 실리콘은 초산형과 무초산형으로 나뉘며 빨리 굳는 장점이 있지만 화학적으로 산성이라 콘크리트면이나 피막 처리된 곳은 무초산형 실리콘을 사용하는게 좋습니다.

⑤드라이버 세트

전동공구도 좋지만 다양한 사이즈의 +자와 −자 드라이버, 송곳이 포함된 드라이버 세트는 꼭 필요합니다.

⑥사포용 샌더

전동샌더처럼 적당한 크기로 자른 사포를 클립으로 고정해 전기가 아닌 수작업으로 사용하는 공구입니다. 전동샌더가 없는 경우 넓은 면을 평평하게 다듬을 때 유용하며 목심 정리나 작은 사이즈의 간단한 샌딩에는 오히려 전동샌더보다 편할 때가 있습니다. 샌더가 없는 경우 손에 들어오는 적당한 사이즈의 목재 조각에 사포를 감아서 쓰기도 합니다.

⑦목심절단용 톱(플러그커터)

목심 작업 후 여분의 목심을 잘라낼 수 있는 작고 탄성이 좋은 톱입니다. 톱날이 얇고 가지런해 정밀한 작업을 요하는 작은 사이즈의 목재를 자르기에도 좋습니다.

⑧무선 전동드릴(ES산전의 'L110')

배터리를 충전해 무선으로 자유롭게 휴대하며 사용할 수 있는 전동드릴입니다. 주로 유선 전동드릴의 보조 공구로 전동드라이버의 역할로 쓰이곤 합니다.

⑨유선 전동드릴(ES산전의 'D910')

비트를 갈아 끼우며 콘크리트벽이나 철재, 목재 등에 구멍을 뚫거나 나사못을 조일 수 있는 전동공구입니다.

⑩톱(톱날교환형)

간단한 목재의 절단이나 긴 직선의 절단, 봉재의 절단에는 직소기보다 재래식 톱이 유용할 때가 있습니다. 톱날교환형으로 구입하면 하나의 톱자루에 목재의 두께나 종류에 따라 다양한 사이즈의 톱날을 교체해가며 사용할 수 있습니다.

⑪무선 전동드릴 충전기(ES산전의 'TLC-7RB')

무선 전동드릴인 'L110' 전용 배터리 'TLB-75A'의 전용 충전기.

⑫장도리망치

단순히 못을 박는 용도가 아닌 목심이나 칼블럭을 끼워 넣거나 못을 빼는 등 다양하게 사용됩니다.

⑬니퍼

전기 배선 작업을 할 때 전선을 자르거나 피복을 벗길 때 꼭 필요합니다.

⑭절연테이프

전기 배선 작업 시 피복을 벗긴 전선의 마무리에 필요한 고무 재질의 테이프입니다.

⑮글루건총

열에 의해 녹인 합성수지(글루)가 빠르게 굳는 성질을 이용해 큰 힘이 필요하지 않은 부분의 접합이나 가접합에 쓰입니다. 굳는 속도가 비교적 느리지만 강한 접착력을 보이는 실리콘과 서로의 특성을 보완하며 함께 사용되곤 합니다.

Q. 공구나 목재, 철물 등의 자재들은 어디서 구입하나요?

A. 대부분의 공구는 편의상 인터넷에서 구입하고 있습니다만 갑자기 필요한 경우는 동네 철물점을 이용할 때도 많습니다. 전동드릴 등의 가격이 나가는 공구는 네이버 지식쇼핑, G마켓, 11번가 등의 기타 쇼핑몰에서 가격을 비교한 후 구입하는데 청계천 부근에 몰려 있는 공구점에서 직접 구입하기도 합니다.

목재와 철물을 전문적으로 취급하는 온라인 쇼핑몰도 꽤 많은데 각 사이트마다 보유하고 있는 제품의 종류나 가격이 다르니 각 쇼핑몰의 장단점이나 개인적인 취향을 감안해 자신에게 맞는 곳을 찾아보길 권합니다.

저는 주로 '철천지(http://www.77g.com)'를 이용하는데 목재를 밀리미터 단위까지 절단 방향을 직접 확인하며 주문할 수 있는 프로그램이 있어서 유용합니다. 다양한 철물도 보유하고 있고요. 다만 배송 시간이 좀 걸리고 절단면이 늘어날 때마다 가격도 올라가 단순 반복적인 사이즈나 각재(각목) 등의 간단한 목재는 동네 목공소를 이용하기도 합니다. 다양한 철물과 간단한 목재를 주문할 수 있는 '손잡이닷컴(http://www.sonjabee.com)'도 자주 이용하는 편입니다.

Q. 직접 가구를 만들면 비용이 얼마나 드나요?

A. 가구의 크기와 종류, 어떤 구조로 어떤 목재와 철물을 쓰고 어떻게 마감하느냐 따라 그야말로 천차만별입니다. 어디까지나 참고삼아 말씀드린다면 제가 주로 이용하는 소나무 집성목이나 스프러스로 보통의 장식장, 책장, 서랍장, 침대 등을 만들 때 평균을 내보면 보통 25만 원에서 30만 원 정도 들었던 것 같습니다. 당연히 고급 목재일수록, 두꺼운 목재일수록, 크기가 클수록, 구조가 복잡할수록 더 들겠죠? 이 비용은 전기드릴, 드라이버나 목심 절단용 톱 등의 기본적인 공구가 구비되었을 때의 순수한 재료값만을 이야기하는 겁니다.

Q. 가구 하나 만드는 데 얼마나 걸리나요?

A. 누군가는 가구 만드는 일련의 과정을 일컬어 '기다림'이라고 했습니다. 가구를 스케치하고 치수를 정하고 목재를 주문하면 기다림이 시작됩니다. 배송을 기다리고 가공 후에 샌딩과 도료를 칠하고 말리는 과정을 수차례 반복해야 합니다. 이런 과정을 꼼꼼히 할수록 완성도 있는 가구, 오래가는 가구를 만들 수 있습니다. 다만 전 '내가 쓸 건데 뭐'라는 핑계로 다소 날림으로 만드는 편이라 목재 등의 재료가 도착하면 완성하기까지 꼬박 하루에서 이틀 정도에 끝내는 편입니다.

공간별 맞춤 가구 만들기

공간에 따라 필요한 가구도 다르다. DIY 가구를 만들 때는 공간의 특성과 동선의 흐름, 용도를 모두 고려해 나만의 가구를 디자인해보자. 신혼집부터 두 번째 집에 이르기까지, 김반장이 직접 만든 가구들을 통해 배우는 DIY 노하우!

거실 가구 만들기

협탁

현관 앞에 협탁이 하나 있으면 좋겠다고 생각했습니다. 액자 밑이 좀 허전하기도 할뿐더러 드나들 때 차 열쇠나 지갑도 올려놓고 서랍 안에는 손전등이나 양초, 먼지 제거 롤러 같은 현관 주변에서 필요한 잡동사니를 넣어두면 편리할 것도 같고요. 손댈 만큼 댔으니 이제 웬만하면 사서 쓰자 싶었는데 입맛에 딱 맞는 사이즈와 디자인이 없네요. 결정적으로, 원하는 폭의 협탁이 없었습니다. 또 만들어 보기로 했지요.

먼저 만들고 싶은 모양을 스케치하며 필요한 목재 사이즈와 수량을 뽑아봅니다. 이때 구체적인 디자인이 나오고 필요한 목재의 종류 및 밀리미터 단위의 크기와 두께까지 나와야 합니다. 잘 계산해서 재단된 목재가 딱딱 맞아떨어질 때는 재미가 쏠쏠하지요(계산 실수로 안 맞아떨어질 땐? 생각만 해도 후덜덜!). 필요한 만큼의 목재와 철물을 주문합니다.

1. 협탁에 사용한 목재는 소나무 집성목입니다. 먼저 다리를 만듭니다. 양옆의 다리를 ㅂ자로 두 개 만들어 연결할 겁니다. 다리를 잡아줄 부분의 양쪽에 목공 본드를 듬뿍 바릅니다.

2. 적당한 위치에 붙입니다. 요 길이면 괜찮겠다 싶은 목재 하나를 잘라 기준으로 삼으면 위치 잡기에 편하겠죠.

3. 서랍 부분의 옆면이 될 윗부분도 목공 본드로 붙입니다. 이렇게 두 개를 만들어요.

4. 어느 정도 마르면 이중드릴과 나사못을 이용해 한 번 더 튼튼하게 고정합니다. 집 안에서 작업하기 때문에 무선청소기로 중간중간 부지런히 먼지를 치웁니다.

5. 이번엔 아래판으로 쓰일 판재의 귀퉁이를 다리 두께만큼 톱으로 잘라냅니다.

6. 다리 사이에 아래판을 끼우고 뒤판과 다리들을 연결하면 얼추 그림이 나오네요. 마찬가지로 목공 본드와 나사못을 같이 써서 연결해주는 게 좋습니다.

7. 두 개의 서랍이 들어갈 틀을 연결합니다. 서랍의 깊이가 깊지 않기 때문에 서랍레일 없이 만들 겁니다. 모서리와 바닥을 양초로 문질러 칠하고 서랍틀을 서랍보다 가로, 세로 3mm 정도 여유 있게 만들면 걸림 없이 넣고 뺄 수 있지요.

8. 나사 구멍을 막습니다. 저는 목심 끝에 목공 본드를 콕 찍은 후 살짝 물에 담근 다음 사용합니다. 목공 본드를 안 찍으면 나중에 빠지는 경우도 있고 물에 담그는 이유는 목심이 불어 구멍을 꽉 메워주기 때문입니다.

9. 망치로 톡톡 쳐서 끼워넣은 후 목심절단용 톱으로 삐져나온 부분을 자르고 사포로 마무리합니다.

10. 이렇게 구멍이 뻥뻥 뚫린 상태였다가

11. 이렇게 바뀌었습니다. 마지막으로 상판을 올리고 접합부가 보이지 않도록 ㄱ자 꺾쇠로 안쪽에서부터 고정합니다.

12. 이제 서랍을 만들어야죠. 서랍의 앞쪽에 손잡이의 나사가 연결될 부분을 표시합니다.

13. 앞에서부터 구멍을 뽕 뚫었어요.

14. 뒷부분에서부터 나사를 조여 손잡이를 연결합니다.

15. 손잡이가 연결된 앞판을 포함해 서랍을 완성합니다. 전면에서 보이는 부분에 목심 자국이 생기지 않도록 서랍 안쪽에서 ㄱ자 꺾쇠를 이용해 연결했습니다.

16. 사포를 이용해 전체적으로 다듬어줍니다.

17. 목재 표면 보호와 자연스러운 발색을 위해 바니시로 마감합니다. 샌딩과 바니시 마감은 2~3회 정도 반복해주는 게 좋은데, 특히 손이 주로 닿는 면은 최소한 3회는 해야 매끄러운 표면을 얻을 수 있습니다.

18. 샌딩(사포질)은 미세한 먼지가 많이 날리는 작업이기 때문에 가급적 실외에서 이루어지는 게 좋습니다. 소소한 작업은 베란다에서 하기도 하는데 복도식 아파트라면 비상계단이 적소이지요.

TV장

평소에도 즐겨 찾는 홍대의 인테리어 소품점에서 TV장으로 쓰기 괜찮아 보이는 가구를 발견했는데, 장 자체는 덤벼볼 만한 가격이었지만 별도 판매하는 서랍의 개당 가격이 만만치 않은지라 고민을 하던 중이었습니다.

한번 만들어볼까 생각했지요. 이 시대를 살아가는 신혼부부의 필수품, 설거지 당번을 결정하는 데 있어 부부에게 평화를 가져다줄 닌텐도가 쏙 들어갈 수 있게 함과 동시에 5.1채널 스피커를 넣고 바퀴를 달아 이동이 가능하게 하여 영화동아리가 인연이 된 부부의 취미생활을 호화롭게 영유할 수 있게 해보자고 생각했지요.

그렇게 겁도 없이 처음으로 덤빈 게 이 TV장이었습니다. 이 책이 나오기까지의 시작점이라고도 할 수 있습니다.

> > > > > > > >
TV장 위칸에는 닌텐도 등 게임기와 영화 관람을 위한 스피커를 넣고, 아래 수납장에는 여러 가지 잡동사니들을 수납한다.

1. 콘셉트와 용도에 맞춰 사이즈와 디자인을 정하고 목재를 주문합니다. 한동안 퇴근 후나 쉬는 날엔 가구도 없이 휑한 집에서 음악 틀어놓고 하루 종일 가구와 씨름했습니다.

2. 계획한 차수대로 재단은 잘되었는지 확인해봅니다. 이번에 사용한 목재는 러시아산 소나무입니다. 색이 브라질산 소나무에 비해 살짝 연합니다. 집성목 특유의 접합부가 보인다는 단점이 있지만 가격이 적당하고 조직이 치밀해서 가구로 쓸 만하더군요. 협탁을 만들 때처럼 이중드릴날과 나사못을 이용해 목재를 결합합니다.

3. 전선을 뺄 수 있도록 뒤편에 홀쏘라는 공구로 구멍을 뚫습니다. 홀쏘는 지름이 다양한데 전동드릴에 연결해서 쓸 수 있습니다. 가운데에 드릴날이 있어서 중심을 고정하고 원형의 톱니가 달린 날로 구멍을 뚫는 방식입니다.

4. 주의할 점은 면과 직각으로 파는 것입니다. 구멍이 비뚤어지면 사포질로 밤을 새워야 할지도 몰라요.

5. 아래칸은 자질구레한 것들의 수납함입니다. 일단 조립은 다 끝났네요. 뒤집어서 바퀴 달고 밖으로 끌고 나가 면과 모서리 등을 사포질로 다듬은 후 바니시로 마무리합니다.

김반장이 알려주는
생활 속 Plus Tip ❶

° 지저분한 전기선 정리하기

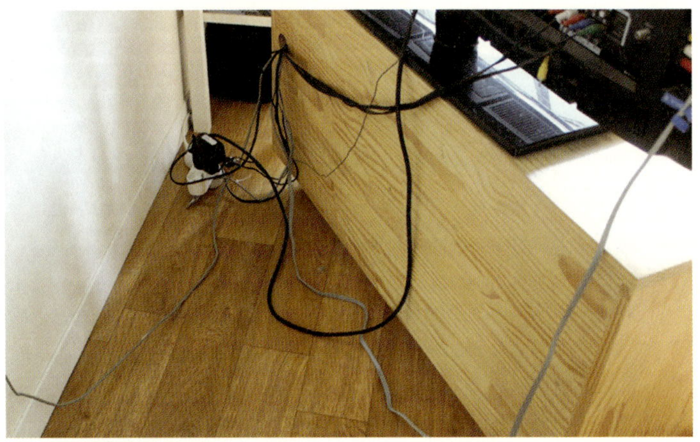

TV장 위에 TV를 올리고 위칸에는 닌텐도 위(Wii), 인터넷 수신기, 무선공유기, 케이블 TV 수신기에 5.1채널 스피커까지 넣었더니 뒤쪽이 난리가 났습니다. TV 뒤쪽뿐 아니라 컴퓨터 책상의 발밑에서도 자주 보던 풍경입니다. 이래서야 이동 가능한 TV장이 의미가 없겠죠. 간단한 방법으로 정리가 필요하겠군요.

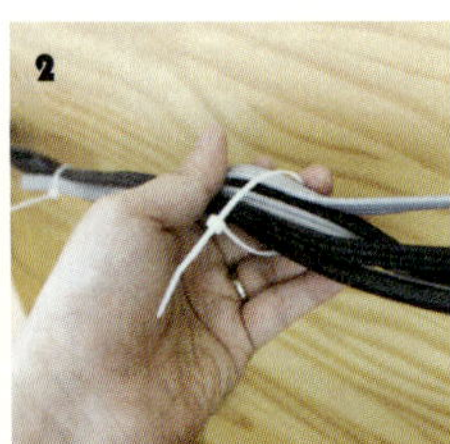

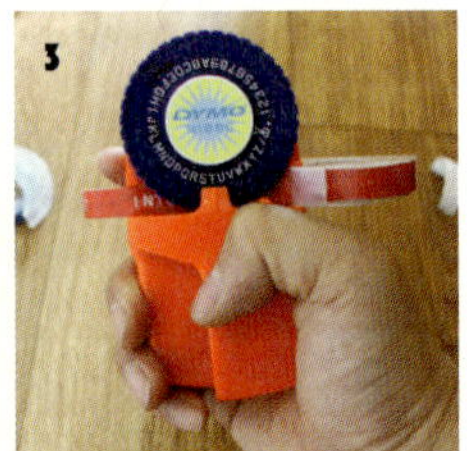

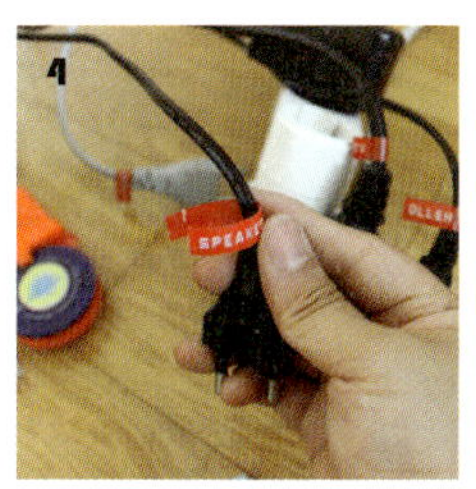

1. 케이블타이와 다이모 라벨기, 라벨기용 테이프를 준비합니다. 다이모 라벨기가 없다면 견출지나 스카치테이프 등도 괜찮습니다.

2. 케이블타이는 말 그대로 케이블을 묶는 플라스틱 끈입니다. 사진과 같이 둥글게 말아 뾰족한 쪽을 구멍으로 밀어 넣은 후 당겨주면 톱니가 물리며 고정됩니다. 조일 수는 있지만 칼로 잘라내지 않는 한 풀 수는 없는 구조입니다. 전선을 가지런히 정리하고 일정한 간격을 두어 묶고 남는 부분은 가위로 깔끔하게 잘라냅니다.

3. 다이모 라벨기에 라벨기용 테이프를 넣고 각 케이블의 용도를 표시합니다. 다이모 라벨기는 스티커로 되어 있는 얇은 플라스틱 테이프에 압력을 이용해 글자를 입체적으로 찍어주는 문구입니다.

4. 글자가 찍힌 라벨기용 테이프를 적당한 길이로 잘라낸 후 각각의 케이블에 붙여 표시합니다.

5. 어느 콘센트가 어느 전자제품의 것인지 도무지 헷갈릴 때가 있습니다. 이렇게 해두면 바로바로 확인하고 필요 없는 콘센트는 빼둘 수가 있겠죠.

완성! 말끔하게 정리된 모습.

책장

신혼여행지였던 런던에서 '하비타트'라는 인테리어 및 소품 전문 매장에 들렀는데 아내와 눈이 휘둥그레지도록 감탄을 했던 기억이 나는군요(http://www.habitat.net).

어찌나 멋스러운지 국내에 들어오지 않은 아쉬움과 동시에 국내에 이 브랜드가 들어왔으면 큰일 날 뻔했다며 안도를 한 적이 있습니다. 그 몰아닥치는 지름신을 어찌 감당할지….

공짜인 줄 알고 실수로 그냥 들고 온(국제범죄자가 되어버렸습니다) 2파운드짜리 하비타트 카탈로그에서 마음에 쏘옥 드는 책장을 발견했습니다만, 들여올 방법도 막막하고 가격은 아마도 약 640파운드! 우리 돈으로 약 120만 원? 참고만 하기로 하고 또 한번 도전해봅니다.

제가 만들고자 하는 책장은 두 쌍씩 세 개의 기둥이 책을 올려놓을 수 있는 상판과 수납장으로 연결된 구조입니다. 접합은 나사못으로 하고 수납장은 문짝에 손잡이 없이 흔히 싱크대에 쓰는 경첩으로 연결하기로 합니다.

아래 사진의 모습인데 스틸과 화이트를 우드와 블랙으로 그리고 크기에 맞게 가로 2단으로 작업한 후 나중에 넓은 벽을 만나게 되면 덧붙여서 확장을 할까 합니다.

> > > > > > >
잡지에서 본 멋진 디자인의 가구를 DIY를 통해 내 스타일로 재창조해볼 수 있다.

신혼집에는 검은 책장이 어울려
검은색으로 만들었는데, 두 번째
집에서는 아기도 태어나니 화사
하게 아이보리색으로 변신. 언제
든 원하는 색으로 변신 가능하다
는 점이 DIY의 매력이다.

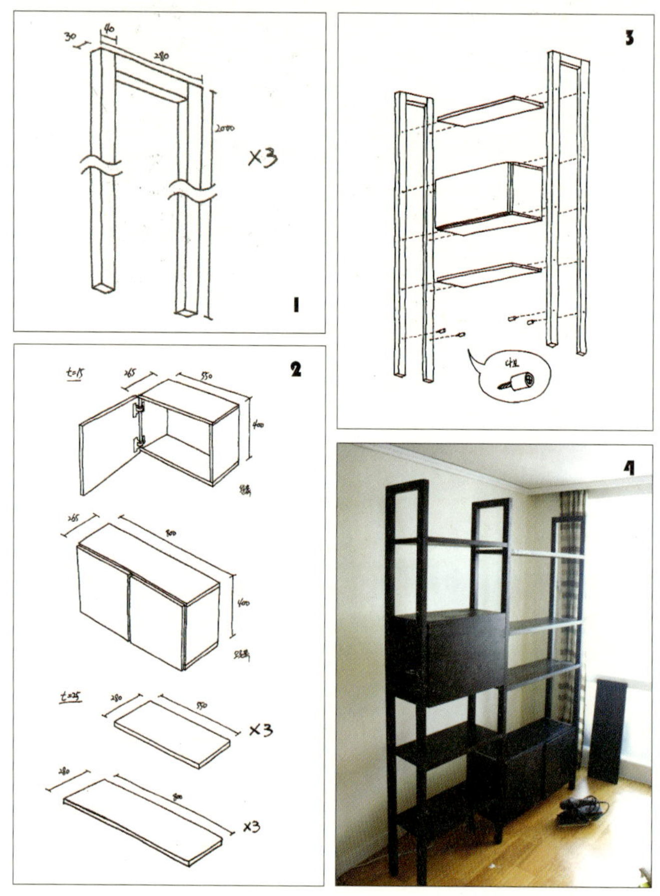

/ 책장 만들기

1. 기둥을 먼저 만듭니다. 페인트로 칠할 것이기 때문에 목재 재질은 그리 신경 쓰지 않았습니다. 저렴한 집성각목(나왕, 30×40mm)을 사용했습니다. 이렇게 세 개의 기둥을 만들어놓고요.

2. 수납장을 만듭니다. 공간 박스에 싱크대 경첩으로 문짝을 단 아주 단순한 형태입니다. 왼쪽은 한쪽 문, 오른쪽은 양문으로 손잡이 없이 여는 방식입니다. 인터넷 목공소를 이용하면 싱크대 경첩을 구매할 수 있는 건 물론 경첩을 달 수 있도록 홈 작업을 해서 배송해줍니다. 책을 올려놓을 상판도 준비해놓아야죠. 책의 무게를 생각해서 판재가 휘지 않도록 25mm의 두껍지만 가벼운 삼나무로 주문했습니다.

3. 미리 만들어놓은 기둥과 수납장과 책을 올려놓을 수 있는 상판을 나사못으로 접합합니다. 왼쪽 먼저 작업한 후 오른쪽을 작업해주었고요. 늘 그렇듯이 이중드릴날로 나사길을 내고 나사못으로 접합한 후 목심으로 구멍을 메웁니다. 서랍장과 상판의 높이는 자유롭게 정했습니다. 양쪽 모두 상판 한 개 정도는 나사못 다보(선반을 달기 위해 옆판에 고정하는 부속물)를 이용하면 높낮이를 조절하며 사용할 수 있습니다.

4. 왼쪽을 마무리한 다음 오른쪽도 같은 방법으로 접합시킨 후 사포질, 검은색 무광 수성 페인트를 2~3회 칠한 후 바니시로 마감해주었습니다. 무광 수성 페인트와 반광 바니시 마감의 조합은 너무 튀지 않는 은은한 광택을 냅니다.

서랍장 겸 화장대

서랍장이 낡고 오래되어 새 서랍장이 필요했던 처형을 위해 화장대 겸 서랍장을 만들기로 했습니다. 처형은 화장도 별로 안하고(워낙 출중하신 미모이니!) 화장을 할 때도 주로 서서 한다더군요. 서서 화장할 수 있게 높이를 고려하고 침대의 폭에 맞춰 통일감을 주기 위해 신경 썼습니다.

전체 크기는 1100(W)×1000(H)×445(D)mm입니다. 기존의 거울을 재활용하고 깨끗하게 맑게 자신 있게 화장하라고 조명을 달아주었습니다. 선반은 역시 침대를 만들다 남은 자투리 목재로 달아주었습니다.

서랍이 네 개나 들어가는, 보기보다 훨씬 실용적인 서랍장.

1. 먼저 옆판과 밑판을 ㄷ자로 만들고, 전체적인 모양을 보기 위해 위판을 한번 대봤습니다. 브라질산 소나무 18mm입니다.

2. 뒤판을 끼운 후 위판을 얹어 전체 틀을 마무리합니다. 이번엔 뒤판을 단순히 대는 게 아니라 ㄷ자 홈에 맞춥니다.

3. 8mm 미송 합판을 끼우는 방법으로 만들어봤습니다. 이렇게 큰 사이즈의 가구를 만들 때 가구의 무게를 줄이고 재료비를 절감할 수 있죠. 어차피 뒤판은 안 보이니까요. 뒤판을 끼우는 방식으로 만들면 뒷면이 이렇게 됩니다.

4. 위판도 겉에서 볼 때 목심으로 메운 자국이 드러나지 않도록 나사로 구멍을 뚫어 접합하는 방법이 아닌 안쪽에서 ㄱ자 꺾쇠로 고정했습니다.

5. 이렇게 연결해서 서랍을 넣으면 보이지 않기 때문에 이 방법으로 접합했습니다.

6. 네 개의 서랍을 넣기 위해 적당한 위치에 레일을 다는 게 이번 DIY의 가장 큰 관건인데요. 팁은 자와 연필로 위치를 표시해가며 설치하는 겁니다. 서랍을 설치하는 방법은 확장형 조리대 만드는 과정(245p.)을 참고하세요.

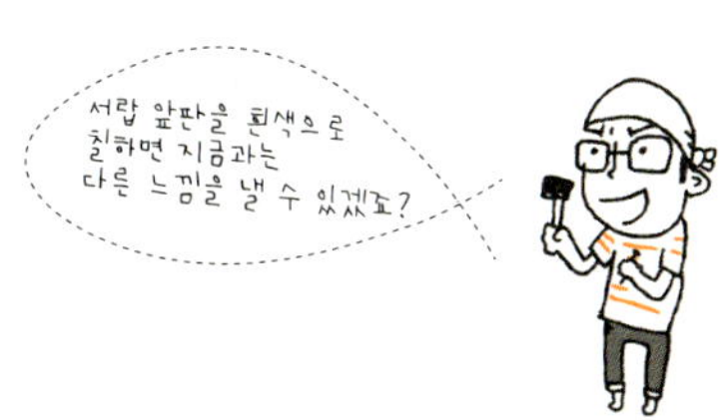

7. 서랍도 홈에 합판을 끼우는 방법으로 만들었습니다. 서랍은 MDF15mm 입니다. 목재를 주문할 때 홈을 파 달라고 할 수 있습니다. 역시 ㄷ자로 먼저 만들어주세요. 나사못으로 고정하기 전 가접하기 위해 목공용 본 드를 발라놓은 게 보이네요.

8. ㄷ자로 만든 후 전체 틀에도 사용했던 미송 합판을 홈에 맞춰 쑤욱 끼워넣어요. ㄷ자 홈과 합판의 가장자 리가 만나는 부분에도 목공용 본드를 바르면 더 확실히 고정되겠죠? 그다음 ㅁ자로 완성하고 서랍레일을 달아줍니다. 이렇게 네 개를 만듭니다.

9. 서랍이 완성되면 이제 서랍 앞판을 만듭니다. 이 앞판에 손잡이를 달아도 되고요. 여기서는 손잡이 역할 을 할 홈을 파주었습니다.

10. 서랍을 모두 끼운 상태에서 서랍 앞판의 높이를 적당히 맞춰가며 고정합니다. 이미 전체적으로 페인트 와 바니시 및 샌딩이 마무리된 상태입니다.

11. 가구를 만들면 바닥에서 살짝 띄어주기 위해 발을 달아야 합니다. 11자 레일식으로 발을 달아주세요. 완성된 모습입니다.

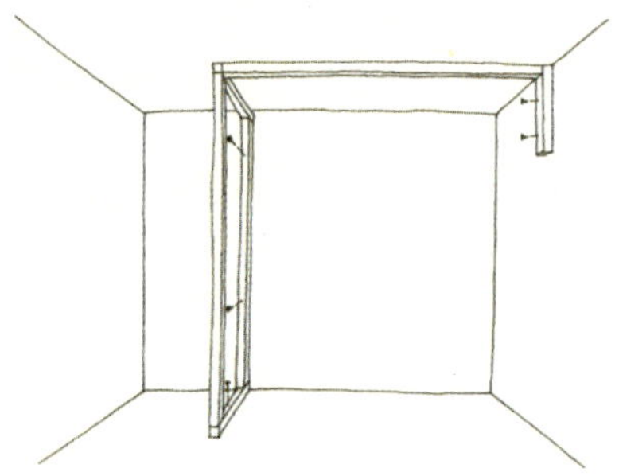

행어 가리개

집에 옷들은 계속 쌓이는데 옷장이나 붙박이장을 놓을 수 없을 때, 기존의 행어를 그대로 사용하면서 깔끔하게 정리할 수 있는 방법입니다. 이 아이템은 저도 아마 이사 갈 때마다 조금씩 형태를 달리해 마르고 닳도록 쓸 것 같군요.
간단하게 말씀드리자면 광목천으로 커튼을 만들어 가려주는 방식입니다. 다만 커튼레일을 천장에 고정하기에 힘을 잘 받을 수 있을지 걱정되고, 천장 한복판에 못을 박는다는 것은 왠지 꺼려지고, 커튼만 주욱 내려오면 뭔가 허술해 보이구요. 커튼레일을 고정할 수 있는 틀을 행어의 크기에 맞게 짜 맞추기로 결정했습니다.

간단하게 설명하면 위의 그림과 같은 모습입니다. 먼저 ㅁ자 형태로 옆면을 만들어 시멘트못이나 칼블럭을 이용한 나사못으로 벽 쪽에 고정하고 아래쪽을 바닥에 고정합니다. 바닥 쪽은 보일러관이 지나가서 못을 박을 때 조심해야 하는데 데코타일을 깔았기 때문에 데코타일 두께 깊이 정도로만 나사못을 박아 고정해주었습니다. 옆면을 벽 쪽에 먼저 고정했기에 위아래로 움직일 일은 없고 옆으로 움직이는 것만 고정하면 되기 때문에 바닥이 조심스러우면 본드나 실리콘 등으로 고정해도 괜찮을 듯하네요.
좌측 옆면을 고정한 후에는 그림의 오른쪽 위에 보이는 우측 옆면을 고정해야 하는데 전 책꽂이 위로 보이는 방향만 생각해서 각목을 고정했구요. 그다음은 커튼레일이 달릴 윗부분을 가로지르는 각재를 ㄱ자 꺾쇠로 고정합니다. 여기까지 고정하면 뼈대가 흔들림 없이 짱짱하게 고정됩니다. 여기에 커튼레일을 설치하고 준비해놓은 커튼을 달면 끝!

AFTER

BEFORE

/ ## 행어 가리개 만들기

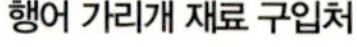

1. 행어를 설치한 벽의 폭이 좁거나 출입구, 창문에 지장이 없을 때는 보이는 앞부분만 가리면 되는데 처형 방의 경우에는 문을 열자마자 행어의 옆 부분이 보여 그 부분에 좀 더 신경을 썼습니다. 나무는 집성나왕각 재(3×4cm)입니다. 주로 내장재로 쓰이는 나무라 면이 다소 거칠긴 한데 저렴하게 구할 수 있는 나무죠. 길 이가 220cm밖에 안 되어 높이가 모자라 좀 연장한 걸 보실 수 있을 겁니다.

2. 광목천을 주문할 때는 보통 폭 140cm 정도 기준으로 길이만 정해서 반 마나 한 마 단위로 주문하는데요. 커튼을 만들 때 길이는 딱 맞추더라도 폭은 여유 있게 하면 이사 가서도 사용할 수 있고 다른 용도로도 재활 용할 수 있습니다. 저도 폭은 220cm 정도면 충분했지만 140cm짜리를 두 개 만들어 280cm 폭으로 만들고 남는 부분은 사진에서 보이듯 압정을 이용해 접어서 마무리했습니다. 광목천은 커튼추, 커튼핀과 함께 인터 넷 천 판매점에서 주문해 동네 수선집에서 1만 원 주고 맞췄구요. 커튼레일은 인터넷 철물점에서 따로 주문 했습니다.

3. 70cm 4단 철제 수납장을 세 개 쌓아올려 행어에 걸지 않는 옷들을 정리할 수 있게 했습니다.

주방 가구 만들기

아일랜드 식탁

지은 지 오래된 20평형대의 아파트에는 식탁 놓을 곳이 마땅치 않은 경우가 많습니다. 저희 두 번째 전셋집도 식탁을 다용도실 쪽 벽에 붙이자니 문을 열지 못하고, 주방 한가운데 놓자니 생뚱맞기 그지없습니다. 현관 바로 앞이라 집의 첫인상을 좌우하기도 하고요. 아내 사랑 듬뿍 담아 주부의 로망인 아일랜드 식탁을 만들기로 했습니다.

1. 식탁 높이를 정하기 위해 먼저 의자를 구입하고, 식사하기에 적당하고 조리대 역할도 할 수 있을 정도의 높이를 가늠해봅니다. 의자는 엉덩이 높이까지 약 63cm. 아일랜드 식탁의 높이는 약 90cm로 결정. 상판의 폭이 70cm에 전체 길이가 180cm가 넘는 큰 사이즈입니다.

2. 주문한 나무가 어김없이 꼼꼼히도 포장되어 도착!

3. 신혼집에서 수납 겸 레인지대, 확장형 조리대(245p.)로 쓰던 걸 이용합니다. 애초부터 이럴 때를 염두에 두고 만들었던 겁니다. 어차피 만드는 거 나중에 변화나 확장을 할 수 있도록 처음부터 아이디어를 생각해 두면 집을 늘려 나갈 때 잘 활용할 수 있습니다.

4. 지지대는 크게 두 덩어리로 만들어 붙이기로 했습니다. 이사 갈 때나 변화를 염두에 둔 이유입니다. 우측 작은 덩어리는 레인지대를 넣을 공간이고 좌측 큰 덩어리는 수납 및 의자가 들어갈 공간입니다. 사용된 목재는 코어 합판 18mm입니다.

5. 이중드릴날로 구멍을 뚫어 나사못으로 연결합니다. 퍼티로 다듬을 예정이기 때문에 목심 마무리는 하지 않았습니다.

6. 수납할 공간도 잘 나눠줘야죠. 전체는 이중드릴날과 나사못으로 고정하고 ㄱ자 꺾쇠로 한 번 더 튼튼하게 연결했습니다. 수납공간은 나중에 높낮이에 변화를 줄 수 있게 ㄱ자 꺾쇠로만 연결했습니다.

7. 다음은 상판. 18mm 소나무 집성목을 목공소에 가서 나뭇결 고른 걸로 직접 골라 상판 크기로 잘라달라고 한 후 쪼가리도 잘 챙겨 왔습니다. 다용도실 쪽으로 붙일 면은 드나들기 편하도록 직소기로 일정 부분 잘라냅니다.

8. 상판은 두꺼울수록 휨도 적고 고급스럽지만 목재값이라는 게 또 두꺼울수록 비싸집니다. 잘 챙겨온 쪼가리 목재를 폭 20mm 정도로 길게 잘라냅니다.

9. 상판 아랫면에 테두리처럼 두릅니다.

10. 뒤집어서 잘 샌딩하면 18mm 상판이 36mm 상판으로 변신! 단순히 두꺼워 보이는 것뿐 아니라 기능적으로도 어느 정도 나무의 휨을 잡아줍니다.

11. 바니시를 3∼4회 바릅니다.

12. 바니시와 샌딩의 반복. 이 공정이 가구의 질을 좌우하는 만큼 손이 닿는 면이라도 신경 써서 해야 합니다. 거기다 물이 많이 묻는 식탁 겸 조리대이니 코팅을 잘해야 하죠. 서너 번 이상 반복하면 매끄러운 코팅 면을 얻을 수 있습니다.

13. 그다음에는 주방벽을 리폼하기 위해 사뒀던 퍼티도 개봉합니다.

14. 하부를 칠하기 전에 큰 흠집이나 틈새, 이음매, 나사 자국 등을 잘 메워줍니다.

15. 의자가 들어갈 수 있도록 쏙 들어간 곳에는 선반지지대로 상판 처짐도 방지합니다. 아직 상판은 올려만 놓았을 뿐 고정은 안 한 상태입니다.

16. 하부를 세계 평화의 염원을 담아 칠합니다. 피스!

17. 집이 아주 난리가 났네요. 인테리어가 어느 정도 완성되기까지 이러기를 여러 번!

18. 다 칠한 후 상판을 고정합니다. 이렇게 생각했던 모양이 나올 땐 짜릿짜릿하죠. 아래는 벽의 마무리와 같이 굽도리처럼 MDF 패널을 둘러줄 거구요.

19. 에스프레소머신과 커피 등을 올려놓을 자리는 밀려 떨어지지 않도록 가드를 설치합니다.

20. 싱크대 쪽으로는 자주 손이 젖는 주방 특성상 수건걸이도 달아줍니다. 이렇게 폭이 좁은 곳은 그냥 나사 못을 박으면 갈라질 수 있으므로 연필로 위치를 표시합니다.

21. 구멍을 뽕 뚫어서 길을 낸 후 나사를 박아주면 갈라짐을 방지할 수 있습니다.

22. 여기에 수건을 걸면 자연스럽게 수납장이 가려지겠죠.

확장형 조리대

신혼집에 이사 갔을 때 싱크대의 이빨 빠진 부분을 보고 난감했습니다. 원래 8리터짜리 드럼세탁기가 있던 자리인데 이 자리 때문에 8리터짜리 드럼세탁기를 새로 살 수도 없고요. 마침 오븐과 밥통을 넣을 자리가 필요해 '수납장을 짜서 저 자리에 넣자!' 이렇게 된 겁니다.

바퀴를 달아 조리대로 확장이 가능하게 하고 밥통도 서랍식으로 빼고 넣을 수 있게(이래야 뚜껑을 열 수 있거든요) 아이디어를 냈습니다. 통째로 싱크대에 드나들 수 있도록 좌우 1센티미터 정도 공간이 남도록 치수를 재고 목재를 주문했습니다. 45센티미터짜리 서랍레일 1세트와 코너 꺾쇠 네 개, 바퀴 네 개와 손잡이도 주문! 목재는 15밀리미터 코팅 합판(백색)을 이용했습니다.

> **김반장의 Tip**
>
> 코팅 합판은 파티클보드나 MDF를 필름으로 코팅한 것인데 치수를 재서 주문하면 절단 면까지 코팅이 되어옵니다. 집성목이나 기타 다른 나무를 이용해도 되겠지만 이것저것 경험해본다는 의미이자 기존 싱크대와 느낌을 통일한다는 뜻에서 한번 써봤습니다. 가격대는 집성목보다는 조금 싸니 주방 가구로 사용하기에는 괜찮군요. 게다가 사포질이나 페인트, 바니시 등의 마무리가 필요 없으니 편합니다.

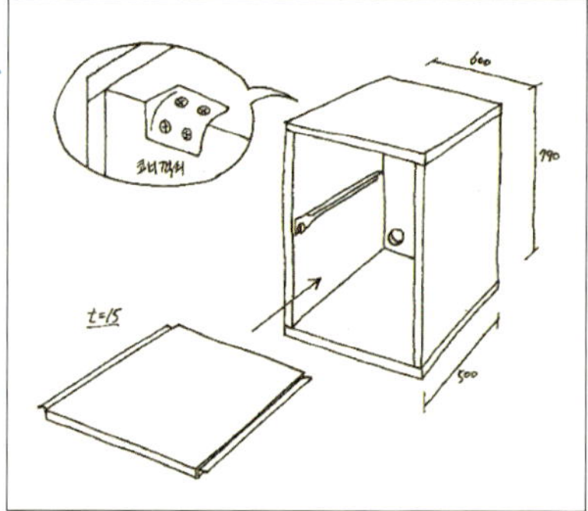

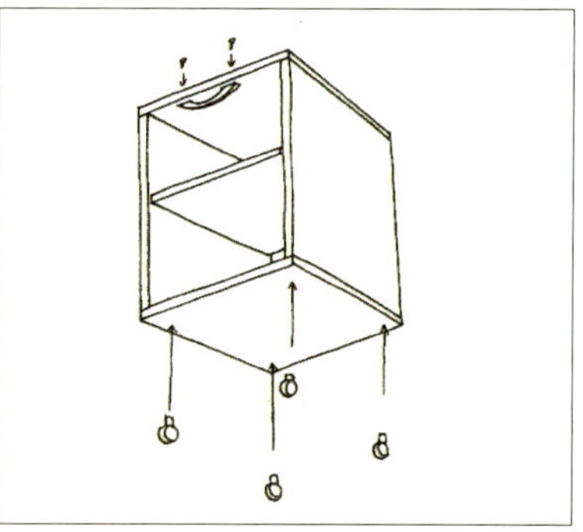

1. 공간 박스와 같은 간단한 형태에 서랍을 끼워넣는 식입니다. 서랍과 바깥 틀 사이에 서랍레일이 들어가는 것을 감안해 양쪽 13mm씩 띄어줄 수 있도록 목재를 주문해야 합니다. 다른 접합부는 이중드릴날로 나사길을 내고 나사로 접합해 연결하면 되는데 상판부는 싱크대의 연장이라는 점을 생각해서 나사 구멍이 보이지 않도록 아랫부분에 코너 꺾쇠로 연결합니다. 전원선이 빠질 수 있도록 뒷부분에 구멍을 뚫어줍니다.

2. 상판부 아래쪽에 수납장을 뺄 수 있도록 손잡이를 달고, 바퀴도 달면 완성입니다.

수납장의 바퀴는 부담되는 무게가 상당하기 때문에 튼튼한 놈이어야 하구요. 첫 집에서는 싱크대 상판이 화이트 인조 대리석이라 흰색으로 했지만 두 번째 집에서는 아일랜드 식탁과 어울리도록 집성목을 상판으로 올렸습니다. 디자인보다는 기능적인 면을 고려해 제작했지만 이 간단한 수납장에 기본적인 목재 연결에서부터 꺾쇠 사용하기, 서랍·손잡이·바퀴 달기까지 가구 제작에 필요한 대부분의 작업이 포함되는군요!

아일랜드 식탁 아래에서 당당히
확장형 조리대 역할을 하고 있다.

와인장

와인에 대한 지식이라고는 화장실에서 짬짬이 〈신의 물방울〉 13권까지 심심풀이로 본 정도
밖에 없고 비싸거나 귀한 와인 같은 건 그다지 관심도 없지만 부담 없는 와인을 서로 주고받
거나 홀짝홀짝 마시는 걸 좋아합니다. 소주도 좋고 맥주도 좋지만요.
홍대의 한 카페에서 발견한 집에 꼭 가져다놓고 싶은 와인장을 점찍어두었다가 따라 만들기
로 했습니다. 그대로 따라 만들기보다는 테이블과 연결해 책장이나 장식장으로 사용하다가
나중에 원래의 모습대로 확장할 수 있도록 아이디어를 추가해보았습니다.
식탁과 벽의 공간을 고려해 치수를 정하고 목재를 주문했습니다. 러시아산 소나무 집성목으
로 두께는 15밀리미터입니다. 세 개의 부분으로 구분해서 만든 후 차례대로 쌓고 테두리를
빙 둘러 연결하는 방식입니다. 세 부분으로 구분한 이유는 식탁 윗부분에만 놓기 위해 지금
은 작게 만들고 나중에 이사를 가면 원래대로 크게 만들거나 다른 형태로 만들어볼까 하는
아이디어 때문입니다.
각 부분은 다른 가구들을 만들 때와 마찬가지로 이중드릴날로 나사길을 내고 나사로 접합한
겁니다. 와인장 쪽은 테두리만 나사로 접합하고 안쪽 구분 칸은 목재용 본드로 고정했고요.
와인을 넣어두는 첫 번째 부분 아래 두 번째와 세 번째 부분은 '나사못 다보'를 이용해 필요에
따라 선반의 높낮이를 달리할 수 있도록 했습니다.

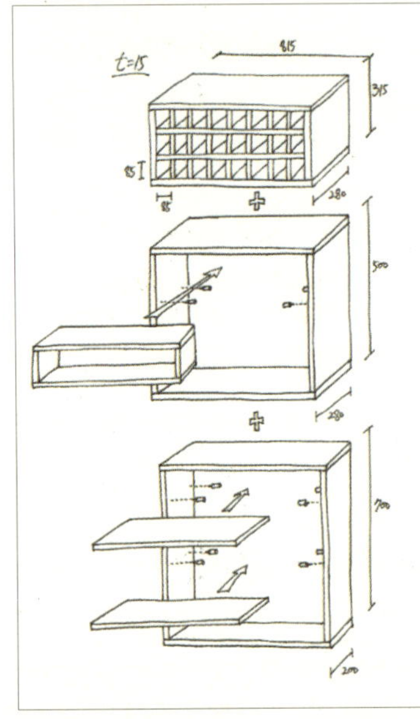

책장과 와인장의 역할을 동시에
할 수 있도록 디자인했다.

1. 테이블과 자연스럽게 연결된 것처럼 일체형으로
사용하기 위해 가장 아랫부분을 테이블 위에 올려
하중을 지지하게 합니다.

2. 와인장을 고정하기 위해 먼저 벽에 와인장의 폭
보다 조금 짧은 정도의 긴 목재를 붙입니다. 벽이 콘
크리트벽이건 석고보드벽이건 와인장을 곧바로 벽
에 붙이기는 힘듭니다. 와인장 가운데 부분의 뒷면
을 벽에 붙인 목재와 나사못으로 연결해줄 겁니다.

3. 거실 석고보드에 장식 선반을 설치할 때와 비슷
한 방법입니다. 벽에 붙일 목재에 나사못이 조금 튀
어나올 정도로 박은 후 그대로 벽에 꾹 눌러주면 위
치가 표시됩니다.

4. 석고보드이니 표시된 위치에 앙카를 박아줍니다.
콘크리트벽이라면 칼블럭을 이용합니다.

5. 앙카가 박힌 곳에 목재에 박아넣은 나사못을 맞
추고 조이면 됩니다.

간단한 가구 리폼

화장대

신혼 때 형이 아내에게 선물한 화장대입니다. 그 당시만 해도 컨트리나 프로방스 스타일이 유행할 때였지요. 샌딩으로 낡아 보이게 하는 에이징 효과, 샤방한 손잡이가 특징입니다.
그로부터 4년이 지나고 유행도 취향도 바뀌었습니다. 집 분위기와 조금씩 멀어져 마음까지 멀어지고 있는데 신혼살림이고 형의 선물이라 버리기도, 팔기도 마음에 걸립니다.
이럴 때 필요한 게 리폼이죠. 집 분위기나 다른 가구와의 조화를 생각해 간단히 리폼하기로 했습니다. 화장대 상판과 어울리는 밝고 가벼운 느낌의 프레임으로 거울도 교체했더니 이전의 무겁고 칙칙한 모습을 찾아낼 수 없을 정도입니다. 버려질 뻔한 화장대가 새롭게 단장되어 다시 사랑받고 있습니다.

1. 먼저 상판과 손잡이를 분리합니다. 상판은 본드 접합 후 이중드릴날과 목심을 사용해 붙인 것이므로 목심을 뽑고 나사못을 풀어낸 후 망치로 때려 분리합니다. 손잡이는 나사못을 풀어주면 됩니다.

2. 손잡이를 잡아주던 나사못의 구멍을 퍼티로 메워줍니다.

3. 페인트를 칠해야 하기 때문에 젯소를 바릅니다.

4. 흰색 페인트로 칠합니다. 가구를 칠할 때 완전한 흰색보다는 아이보리 페인트를 조색해 쓰면 더욱 부드러운 느낌을 낼 수 있습니다.

5. 새로운 손잡이와 명패를 달아줍니다. 가구에 있어 철물, 특히 손잡이와 액세서리를 신중하게 선택해야 합니다. 지나치게 멋부린 느낌보다는 자연스러운 포인트가 중요하지요(손잡이와 명패는 마켓엠 제품).

6. 어두운 느낌의 상판 대신 밝은 자작나무 합판을 이용합니다. 목공 본드를 바른 후 화장대를 뒤집어 상판 위에 올리고 몸체와 고정합니다.

7. 접합부가 보이지 않게 ㄱ자 꺾쇠를 이용해 안쪽에서부터 고정합니다.

8. 마지막으로 샌딩과 바니시를 3회 정도 반복하면 완성입니다.

서랍장

꾸미기 전의 처형 방에 있던 강렬한 빨강과 화이트 그리고 블랙의 삼색 조화 책상 서랍장을 냅다 부숴버리는 것으로 그 아방가르드함을 행위예술로서 승화시키려고 했으나 가만 살펴보니 이 부드러운 서랍과 짱짱함은 어디에 내놔도 아깝지 않은 수준입니다.

'너 이 자식, 괜찮은 녀석이었구나!'라며 잘 챙겨두었다가 두 번째 전셋집을 구하고 넓어진 거실 한편에 필요한 용도가 생겨 리폼했습니다.

처형 방에서 천덕꾸러기였던 서랍장이 지금은 저희 집 소파 옆에서 사이드테이블 역할까지 겸하고 있지요. 상판과 다리 두 개만 있으면 나중엔 또 책상 서랍으로 다시 태어날 수도 있겠네요.

구석에 놓인 신경 안 쓰던 가구를 잘 한번 노려보세요. 알고 보면 꽤 괜찮은 가능성을 가진 녀석일지 모르니까요!

1. 일단 화이트로 도색. 피에로 코 같은 손잡이를 분리해 미련 없이 버리고 젯소를 칠한 후 그 위에 흰색 수성 페인트도 2~3회 칠해줬습니다. 올 화이트면 심심하기도 하고 오염을 감당하기 힘드니 상판은 자투리가 남아 고이 챙겨놓은 소나무 집성목 판재를 올리기로 합니다. 바니시와 샌딩을 2~3회 반복해 준비해둡니다.

2. 도색이 마르면 미리 구입해둔 명판 손잡이를 달아줍니다. 서랍장은 어떤 손잡이를 달아주느냐에 따라 이미지가 확 변하니 내추럴한 콘셉트에 맞게!

3. 소파 옆에 놓을 건데 공간이 좀 남기도 하고 그 사이에 잡지꽂이가 있으면 가볍게 꺼내 읽고 꽂아두기도 좋을 것 같아 추가로 달아줍니다. 리폼의 장점이 이런 거지요. 새 가구엔 구멍 뚫어 나사 박는 것이 아까워서 망설이지만 리폼 땐 부담 없이 이것저것 시도해볼 수 있고 맘에 안 들면 메꿈이로 구멍 메워서 다시 칠하면 감쪽같으니까요! 상판을 고정하면 완성입니다.

서랍장처럼 아일랜드 식탁 옆면에도 잡지꽂이를 달아주었습니다. 철제 잡지꽂이는 인테리어용 소품으로도 좋지만 고지서나 우편물, 간단한 읽을거리 등을 모아둘 수 있어 유용합니다.

자투리 나무 활용하기

가구를 DIY하거나 선반을 제작하는 등 셀프 인테리어를 하기 위해 필요한 목재를 재단하고 주문하는 과정에서 큰 숙제는 자투리를 줄이는 일입니다. 판재는 대략 1×2m 단위로 한 판을 기준으로 구입할 때가 가장 저렴하기 때문에 남는 자투리를 최소화해야 합니다. 자투리 역시 목재 값의 일부이기 때문이죠. 쓸모없이 버려지는 부분이 많다는 건 그만큼 제작 비용이 올라간다는 이야기입니다. 하지만 아무리 머리를 굴려봐도 자투리는 나올 수밖에 없어요.
어차피 나올 수밖에 없는 자투리라면 잘 모아두었다가 작은 소품을 만드는 데 이용해보는 것도 좋겠죠?

/ 목제 서류함 만들기

1. 자투리 나무와 필요한 명판, 나사못 등의 철물을 준비합니다. 자투리로 만들고 싶은 제품에 대해 미리 생각해둔다면 목재 주문 시 자투리까지도 적당한 크기로 재단할 수 있어 편리하겠죠.

2. 크기만 작을 뿐 가구를 만들 때와 같은 과정입니다. 접합할 부분을 목공용 본드로 가접합니다.

3. 이중드릴날과 나사못, 그리고 목심을 이용해 튼튼하게 고정합니다.

4. 샌딩과 바니시 작업을 하고 황동 명판을 전면에 달아 포인트를 주면 멋스러운 원목 서류함 완성입니다.

/ 조리기구 훅 만들기

1. 주방 조리대 옆에 조리기구를 나란히 걸 수 있는 훅을 달 계획입니다. 조리기구 다섯 개를 걸 만한 길이의 자투리 목재를 골라 자르고 샌딩과 바니시 과정을 거쳐 다듬어줍니다.

2. 자투리 목재에 적당한 간격으로 시멘트못을 박아줍니다. 시멘트못을 사용한 이유는 일반 못이나 나사못에 비해 못머리와 몸통의 두께 차이가 적어 조리기구를 훅에서 빼낼 때 걸리적거리지 않기 때문입니다.

3. 시멘트못을 박은 자투리 목재의 뒷면에 실리콘을 바르고 글루건을 사용해 벽에 붙여주세요.

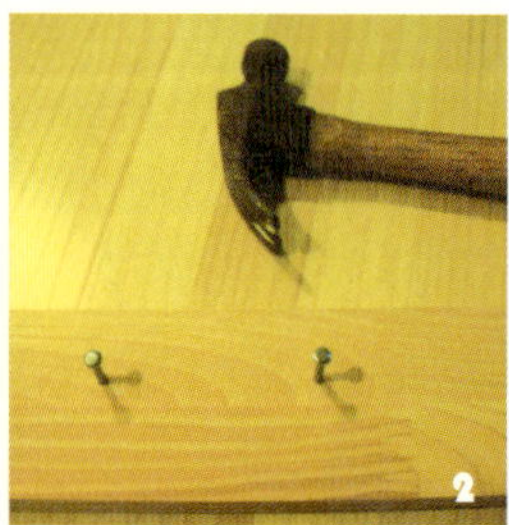

김반장이 알려주는
생활 속 Plus Tip ❷

○ 마트에서 구입한 선풍기를 빈티지 선풍기로!

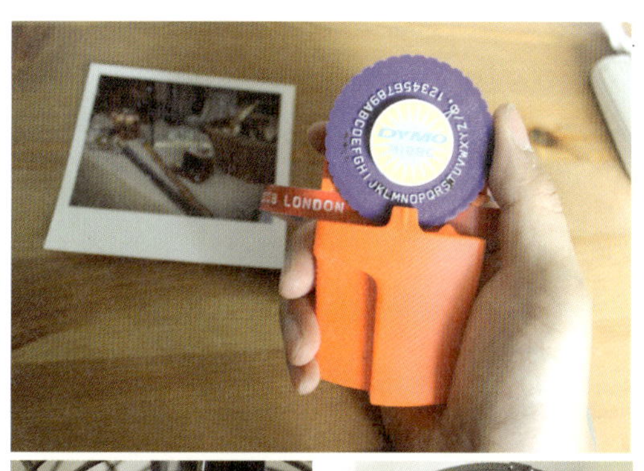

동네 마트에서 저렴하게 구입한 선풍기를 빈티지 스타일의 선풍기로 변신시켜볼까요?
사진 속 제 손에 쥔 다이모 라벨기로 낡은 듯한 느낌의 양각 글자를 새겨 촌스러운 상
표를 가려주면 초간단 리폼 끝!

김반장이 엄선한
인테리어 온라인 사이트

인테리어의 계획에서부터 마무리까지 영감을 받거나 참고를 하고 때로는 실제로 구입에 이르는 인테리어 관련 사이트와 쇼핑몰을 엄선해서 소개해드립니다.

인테리어

유럽이나 미국의 실용적이면서도 위트가 있는 인테리어를 좋아하는 편입니다. 북유럽, 레트로, 빈티지, 인더스트리얼 등으로 표현되는 소재 자체의 특성과 옛것이 주는 자연스러움에서 오는 편안함, 형식에 얽매이지 않는 자유분방함과 여유가 좋아요. 그런 느낌을 끌어들이기 위해선 실제로 그런 환경 속에서 살고 있는 사람들의 생활을 엿보는 방법이 가장 좋습니다.

아파트먼트 테라피(www.apartmenttherapy.com)

아파트먼트 테라피에서는 인테리어에 관해서는 나름 자신 있다는 미국 전역의 네티즌들이 다채롭고 멋지게 꾸민 자신의 집과 기발한 DIY를 소개하고 있습니다. 매해 'Small, cool contest'가 열리니 '작은 집 인테리어'로 고민하고 있다면 훌륭한 참고가 될 겁니다.

더 셀비(www.theselby.com)

뉴욕의 사진작가이자 일러스트레이터인 토드 셀비는 자신의 홈페이지에 세계 곳곳의 패션, 아트, 디자인 분야에서 활동하는 친구들의 집을 촬영해 올립니다. 통통 튀듯 감각이 넘쳐나는 그들의 집을 보고 있노라면 뒤통수를 맞은 듯 머리가 지끈할 정도입니다.

○ 자재 구입

주로 이용하는 구입처 몇 곳을 소개하지만 자재 구입을 꼭 한정된 곳에서만 하는 것은 아닙니다. 온라인뿐만 아니라 동네 목공소, 철물점, 전파사, 페인트 가게, 유리 가게를 직접 찾아갈 때도 많습니다. 을지로 인테리어 자재 거리에 나가기도 하고요. 옷에 관심이 많은 사람이 백화점과 상설 매장, 동대문을 가리지 않듯 관심을 갖고 발품을 파는 만큼 다양한 재료를 접하고 아이디어를 얻을 수 있습니다.

철천지(www.77g.com)

목재, 공구, 철물을 포함해 페인트와 벽지, 타일 등 집의 기초적인 공사를 위해 필요한 대부분의 것을 판매하는 곳. 다양한 목재를 보유하고 있으며 목재의 종류와 두께에 따라 밀리미터 단위로 나뭇결의 방향을 확인하면서 재단 주문을 할 수 있는 것이 가장 큰 장점입니다.

손잡이닷컴(www.sonjabee.com)

패널 등 간단한 목재나 타일, 시트지 등 다양한 부자재가 필요할 때 이곳을 찾곤 합니다.

네스홈(www.nesshome.com)

커튼이나 쿠션 등의 패브릭과 관련한 자재가 필요할 땐 이곳에서 구입합니다. 천연 가죽부터 광목천, 커튼 부자재와 장식까지 리폼에 필요한 대부분의 자재를 판매합니다.

토털 리빙 브랜드

생활 전반에 필요한 모든 제품을 취급하는 토털 리빙 브랜드는 매장의 디스플레이나 카탈로그를 통해 잘 꾸며진 예를 보여주고 이곳저곳 둘러볼 필요 없이 하나의 숍에서 쇼핑을 끝낼 수 있다는 장점이 있지만 지나치게 의존할 경우 자칫 자신의 집이 특정 브랜드 매장처럼 보여 개성을 잃을 수도 있습니다. 하지만 단품으로 보면 선뜻 예상하기 힘든 적절한 사용의 예를 제시하기 때문에 내 집에 맞도록 다른 아이템들과 함께 응용하기엔 좋은 참고가 될 수 있습니다. 먼저 스웨덴에 본사를 둔 세계적인 브랜드 이케아를 빼놓을 수 없는데요. 아직까지 국내엔 정식으로 론칭되지 않았음에도 많은 집에서 이케아 제품을 발견할 수 있을 정도이고 저희 집에도 곳곳에 활용되었습니다.

아이이케아(www.icompany.tv)

현재로선 경기도 파주의 헤이리에 위치한 아이이케아가 그나마 매장다운 형태를 갖춰 직접 눈으로 확인하고 구매할 수 있습니다. 합리적인 가격에 북유럽 디자인을 소유할 수 있다는 점이 매력적입니다만 저렴한 만큼 일부 가구는 내구성이 떨

어지기도 하고 워낙에 글로벌한 브랜드
라 남발하면 집의 분위기가 뻔해질 우려
가 있습니다.

무인양품(www.mujikorea.net)

일본을 대표하는 리빙 브랜드로는 환풍기 모양의 CD플레이어로 유명한 무인양품
이 있습니다. 롯데백화점 내에 정식으로 들어와 있기는 합니다만 아직 일본 현지
의 다양한 제품과 합리적인 가격은 함께 들어오지 못했나봅니다. 일본 특유의 제
대로 만들어진 느낌의 단아한 가구와 패브릭, 어느 곳에 두어도 튀지 않고 잘 어울
릴 만한 소품이 특징입니다.

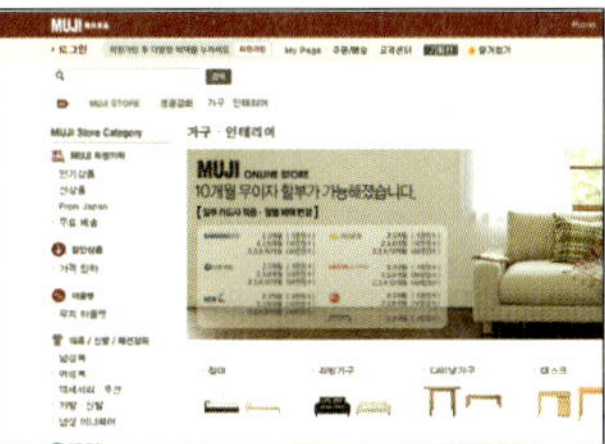

마켓엠(www.market-m.co.kr)

무인양품 스타일의 가구가 마음에 든다
면 주목해야 할 국내 브랜드가 있는데
바로 마켓엠입니다. 고급 물푸레나무 원
목의 결이 그대로 드러나도록 처리한 표
면과 마켓엠 특유의 철물이 빚어내는 가
구의 자연스러움은 오래둬도 질리지 않
습니다. 자체 생산한 가구, 소품을 비롯

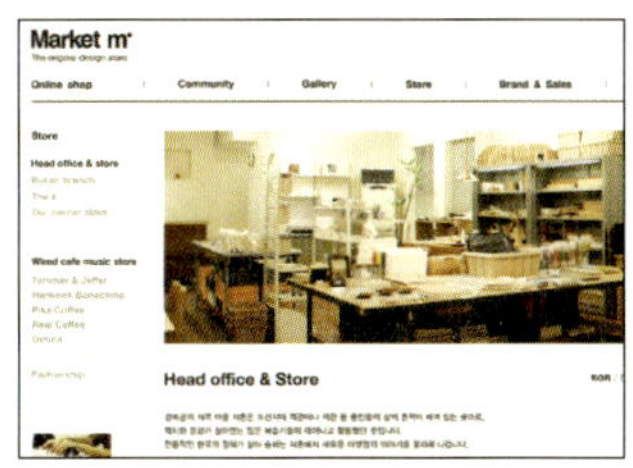

해 마켓엠 가구와 어울릴 만한 일본의 소품을 수입 판매하고 있는데, 특히 가구 손
잡이나 스위치 커버 등의 하드웨어가 포인트를 주기에 좋습니다.

프랑프랑(www.francfranc.kr)

무인양품의 내추럴한 느낌이 심심하다고 느껴진다면 같은 일본의 리빙 브랜드인 프랑프랑이 있습니다. 화려한 무늬와 원색의 패브릭, 모던함이 느껴지는 밝고 경쾌한 가구와 소품들은 분명 집 안에 활기를 불러일으키기에 적합한 선택일 수 있습니다.

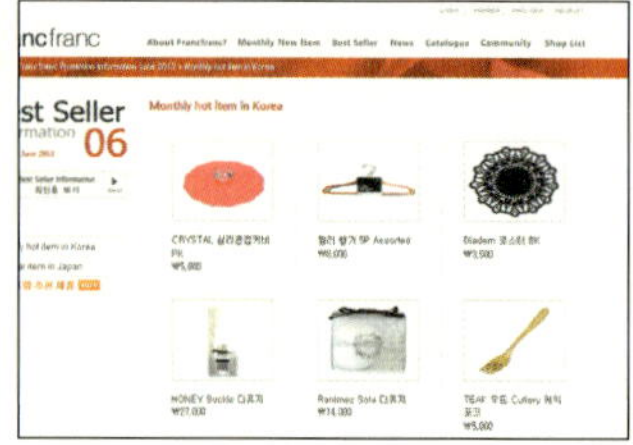

까사미아(www.casamiashop.com)

국내의 토털 리빙 브랜드로는 2012년 서울리빙디자인페어에서 개성 있는 부스로 좋은 평을 받았던 까사미아가 있습니다.

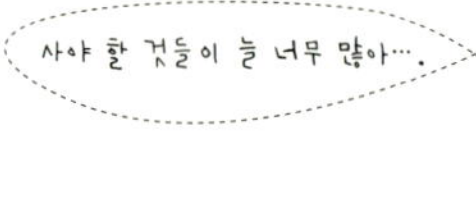

° 그 외의 가구와 소품들

비싸지만 탐나는 빈티지 가구

모벨랩 www.mobellab.com

덴스크 www.dansk.co.kr

더베이갤러리 www.thebaygallery.com

현실적인 가격의 디자인 가구

카레클린트 www.kaareklint.co.kr

바이헤이데이 www.byheydey.com

퍼니매스 www.furnimass.com

디자인스페이스
www.gagu824.com

세월의 흔적이 가득한 오리지널 빈티지 소품

로빈빈티지 www.rovin.kr

키스마이하우스
www.kissmyhaus.com

더쿠모스탁
www.thekumostock.com

디자이너의 감성을 집 안으로 들인 디자인 소품

에이치픽스 www.hpix.co.kr

루밍 www.rooming.co.kr

짐블랑 www.jaimeblanc.com

MMMG www.mmmg.net

부담 없이 구입할 수 있는 아기자기한 소품

코코로박스 www.cocorobox.com

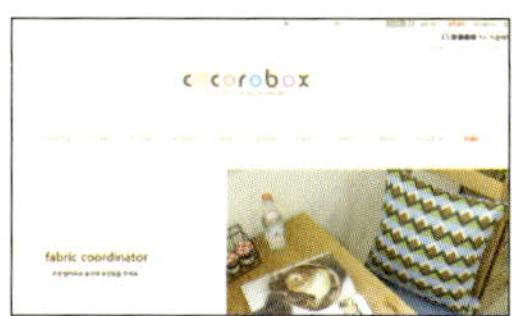

에이모노 www.amono.co.kr

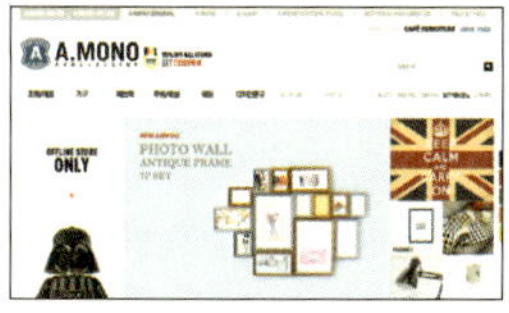

5층아파트 www.5apt.net

천이백엠 www.1200m.com

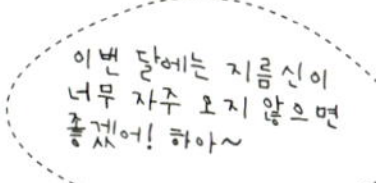

신혼집에서 지금 살고 있는 두 번째 집으로 이사할 당시 저는 교통사고로 입원 중이었습니다. 이사 후 퇴원할 때까지 집에서 병원으로 출퇴근하다시피 했던 아내는 새집에 정을 붙이지 못했었지요. 그도 그럴 것이 이삿짐만 옮겨놓고 제대로 정리도 되지 않은 집에서 혼자 지낸다는 게 얼마나 삭막했을까요. 게다가 임신 초기였는데 옆에서 이것저것 챙겨주지 못한 것이 늘 미안했습니다.

퇴원 후 재활치료가 끝나기도 전에 집을 꾸미기 시작했습니다. 아내와 함께 벽지를 뜯어내고 페인트칠도 했습니다. 저는 가구를 만들고 아내는 커튼을 만들었지요. 선반을 달고 있노라면 아내는 점심을 차리고, 아파트 비상계단에서 땀을 흘리며 사포질을 하다 보면 아내는 유리컵에 물방울이 맺힌 시원한 아이스커피를 내왔습니다.

그렇게 꾸민 집이 어느새 흡족할 만큼 완성되고 아이가 태어났습니다. 하나부터 열까지 직접 꾸민 집. 비록 전셋집이지만 세 식구가 된 우리 가족만의 공간에서 아이는 건강히 자라고 있습니다. 집에 정을 못 붙이던 아내에게도 서서히 익숙한 공간이 되어가고 아이가 자라나는 하루하루의 추억을 남기는 배경이 되었습니다.

아주 오랜 시간이 지난 후 아이가 자신의 아이를 낳을 때 즈음 지금의 사진을 보며 돌아보겠죠. 아, 옛날에 내가 태어난 집이네, 이건 아빠가 만든 식탁, 이건 엄마가 만든 쿠션, 이건 외할아버지가 쓰시던 물건….

윈스턴 처칠은 이렇게 이야기했다고 합니다.
'사람이 집을 만들고 집은 사람을 만든다.'
2012년의 대한민국 서울에서 살아가는 평범한 소시민인 저로서는 집을 만들 수도 없고 살 수도 없어서 이렇게 손수 전셋집을 꾸몄습니다. 그 과정에서 머릿속에서 떠나지 않던 처칠 아저씨의 말 속에 담긴 의미를 떠올렸습니다.
신혼집과 두 번째 전셋집, 친구의 집과 처형의 방을 손보기 위해 아내와, 친구와, 처형과 많은 대화를 나누고 필요한 것과 불편한 것에 대해 의논해가며 공통적으로 느낀 점은 인테리어라는 게 단순히 집의 껍데기를 꾸며서 보기 좋게만 하기 위함은 아니라는 것입니다. 결국 자신과 가족의 삶을 돌아보고 더 편리하게, 더 행복하게 바꿔나가려는 노력이자 의지이자 과정이라는 것이죠. 집을 뒤집어엎는 큰 공사, 최고급 자재에 으리으리한 가구와 조명도 좋지만 가구의 위치를 사용하기 편하게 옮겨보고 낡고 어긋난 것들은 고쳐가며 가족이 함께 그들만의 공간으로 하나하나 채워가는 과정, 그것이야 말로 집을 만드는 것이고 그렇게 만들어진 집이 그 안에서 살아가는 가족의 생활을 바꾸는 것 아닐까요. 결국 좋은 환경을 꾸며가는 건 좋은 인생을 만들어가는 것. 윈스턴 처칠은 아마도 그 말이 하고 싶었나봅니다.
좋은 인생이란 목표가 아닌 과정이듯, 집을 꾸미는 과정 그 자체를 즐기시기 바랍니다. 땀을 통해 환경이 변해가는 노동의 솔직한 대가와 가족의 웃음도 함께요.

돈과 지식보다 건강과 지혜를 물려주신 부모님, 늘 따뜻한 지지와 응원을 보내주시는 처부모님, 언제나 곁에서 창조적 자극과 영감을 주는 우리 집 인테리어의 시작이자 끝인 사랑하는 아내, 햇살 같은 미소로 행복을 주는 소중한 딸에게 이 책을 바칩니다.

2 0 1 2 년 가 을 , 김 반 장

좋은 환경을 만드는 것은 좋은 인생을 만들어가는 일!

all we need

CBB PRODUCTS

CIRCUS BOY BAND
SINGS UNDERGROUND AND PLAYS
THE VARIOUS COLORS

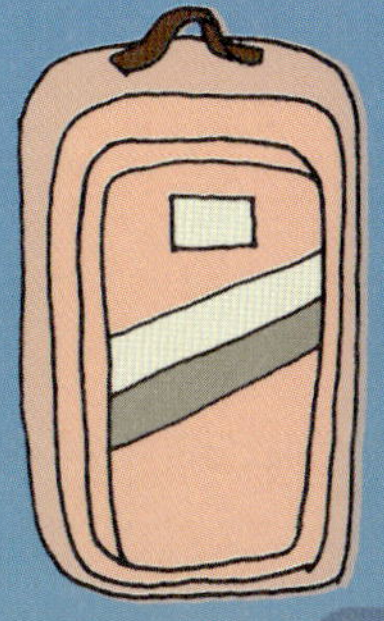

COTTON BAG

전셋집 인테리어
NOMAD INTERIOR

2012년 9월 15일 | 초판 1쇄 발행
2014년 2월 17일 | 초판 13쇄 발행

지은이 | 김동현
발행인 | 전재국

임프린트 대표 | 김경섭
기획 · 편집 | 김선미 · 한선화 · 박햇님 · 강경양
책임마케팅 | 노경석 · 윤주환 · 조안나 · 이철주
제작 | 정웅래 · 박순이

발행처 | 미호
출판등록 | 2011년 1월 27일(제321-2011-000023호)

주소 | 서울특별시 서초구 사임당로82
전화 | 편집 (02)3487-1141 · 영업 (02)2046-2800
팩스 | 편집 (02)3487-1161 · 영업 (02)588-0835

ISBN 978-89-527-6693-9 13590

HUNTING TROPHY
typeA

BRAN'S Basket
35X32X32.